生殖医療・性・ライフスタイルから考える

「人間圏」の未来

松井孝典vs伊藤晴夫

梨の木舎

写真撮影：佐久間哲男
『ばんぶう』2004 年 4 月号
（日本医療企画）より転載

前口上

本書の対談相手である松井孝典先生は、ご専門からいえば、比較惑星学者である。私は医学者である。なぜ、専門分野を異にする二人がこのような対談本を出すにいたったか、この本ができるまでの経緯をお話ししたい。

最近の生命科学・生殖医療の進歩は目覚ましい。

生殖補助医療は日々進化しているが、それだけではなく、医療の現場に広く普及しはじめている。

クローン羊「ドリー」の誕生（一九九七年に発表）は〝生命の概念さえ変えてしまうのではないか〟ということで、世界に大きな衝撃を与え、また、多くの議論を巻き起こした。

またかつて「クローン人間」は、ＳＦ小説のなかで取り上げられるような突飛な題材であり、その実現は不可能と考えられていた。しかし、現在、すでに技術的にはクローン人間をつくることが可能となった。実際、クローン人間の誕生を予告する団体も現れている。

そして、日本でも二〇〇四年六月、政府の「生命倫理専門調査会」で、研究目的でクローン技術を応用し、再生医療などに用いるヒトクローン胚作りを容認することが決定された。ヒトクローン胚は、卵子核を取り除いて、生殖細胞以外の体細胞から取り出した細胞核を移植してつくるもので、培養の仕方によっては、どんな組織や臓器にも育ちうる胚性幹細胞（ES細胞）をつくることができる。したがって、クローン胚を子宮に戻して育成すると、クローン人間が誕生する可能性がある。

ヒトクローン胚作りに関して、世界には賛否両論さまざまあり、ドイツ、フランスは禁止、イギリスは限定的に容認している。米国では、連邦政府は基本的にタッチせず、助成を禁止しているが、民間企業によって研究が進められている。お隣り韓国では、ES細胞をつくったという発表があった。国連でのクローン人間禁止条約は、クローン胚に関して意見が分裂し、いまだ成立していない。

ヒトクローン胚の研究が容認されたのは、クローン人間をつくるためではなく、本人の体細胞を用いて臓器などをつくるためである。すなわち、生体拒否反応が少なく、病気や事故で失った組織や臓器を再生するためで、障害のある人にとっては願ってもないような技術である。

しかし、それがクローン人間誕生と隣り合わせになっていて、どこからどこまで許容されるのか、線引きがむずかしく、「人の道具化を促進する」という反対意見も根強い。

そして、クローン人間以上に問題があるのが、「デザイナー・ベビー」である。クローン人間とは、遺伝子を完全にコピーした同じ人間が生まれることだが、デザイナー・ベビーには、遺伝子工学で受精卵の遺伝子を改変し、従来の人間とは違う、まったく別の生物を生み出す可能性すら存在している。

私は長年、泌尿器科の医師として、臨床の場で人間の生命や健康に関する業務に携わってきた。また近年、日本不妊学会の理事として生命倫理・生殖倫理を考えてきたが、〝今日の急激な生殖医療技術の進歩に、なかなか倫理が追いついていない〟というのが実感である。

生殖医療は、現時点において解決すべき問題、方向づけを明確にしておくべき点をたくさん抱えており、それは人類の将来に対しても甚大な影響を与えるであろう。

しかし、生殖医療にかかわる倫理について、個別の問題を対症療法的に解決していこうとすると、すぐ行き詰まってしまう。個々の生殖医療を論じるには、生殖医療全体をどう見るのか、大きな枠組みが必要であるように思われる。

たとえば、リー・シルヴァー[*1]は、二三五〇年の未来社会像として、二つの階級が存在するという。一つは、「ナチュラル」という現在のわれわれと同じ人間であり、もう一つは、遺伝子を改良した人間＝「ジーンリッチ」という階級である。そして、その二つの階級が織りなす社会とは、政治・経済・文化はジーンリッチが独占し、ナチュラルは低賃金の肉体労働に従事する――という社会である。はたして、遺伝子操作時代の「人間」とは何か？

私が松井孝典先生の『一万年目の「人間圏」』（WAC、二〇〇〇年十一月）という著作に出会ったのは、ちょうどそんなことを考えていたときであった。

それまでにも、私は、〝「人間」とはなんぞや？〟という類いの書物を読んでいた。私は、医学、政治学、経済学、倫理学、人類学などなど、それぞれの分野が定義する「人間」の概念があることを教えられたが、それらはほとんど「人間」それ自体を定義しているものであった。

しかし、松井先生の本は、地球という一つのシステムのなかにおける「人間」の姿を

＊**1**・プリンストン大学教授。分子生物学・生態進化学を専門とするが、近年は行動遺伝学、バイオテクノロジーの社会的影響にも関心を寄せる。生殖遺伝学の現状をドキュメントし、その発展が人類の未来におよぼす影響を描いた『複製されるヒト』（翔泳社、1998）はわが国でも話題となった。

提示している。

〈なるほど、「人間」は真空のなかで生きているのではなく、地球という環境のなかで生きる存在であった……〉

私は、怒涛のように進む生殖医療技術・遺伝子工学の将来を案じ、先へ先へと考えを広げていたが、われわれがいる現時点がいったいどういう段階なのか、そのことをはっきり見定めたうえで未来を考えるべきだ、と思うようになった。

そして、松井先生が提唱されている「人間圏」というとらえ方に魅了され、生殖医療に関する講演や論文のなかでたびたび引用させていただくようになった。

しかし、やがて先生の著作を読むだけでは満足できぬようになり、生殖医療や遺伝子工学に関する私の考えを先生にぶつけてみたい、という衝動に駆られるようになったのである。

それまでにも、松井先生には講演をお願いするなど、何度かお会いしていたので、率直に私の思いをうちあけてみると、先生は、「いいですよ」と快く受け入れてくださった。

そして、二〇〇四年六月、新緑の東京大学のなかにある松本楼で、先生とあらためてお会いした。その後、何度か対談し、そのときのテープをもとにこの本は成った。

このように、本書は、私のひょんな思いつきによるものである。

いささか長くなったが、これが、この対談本の刊行にいたる経緯である。松井先生にはたいへんご迷惑だったと思うが、先生のお話はとても刺激的で、対談は非常に楽しかった。対談は肩肘張ったものではなく、しばしば東大正門前の寿司屋での「延長戦」におよんでいる。

松井先生との対談は、宇宙からみた地球システムというマクロな話から前立腺がんや性感染症というミクロな話まで多岐におよんでおり、健康に関する身近な話題から宇宙論まで幅広い内容となっている。読者にも、気軽に読んでいただければ幸いである。

また、私は、生殖医療・生命倫理についてより広範囲な議論が必要であると考えているが、本書がその議論のきっかけとなればと願っている。

二〇〇五年九月十五日

伊藤晴夫

目次

序章　「人間圏」とは何か

——人類は後戻りのできない選択を行った

人間とは何か

伊藤 松井先生もご承知のように、現在、生殖医療技術が非常に進歩してきています。それだけではなくて、医療現場への応用といいますか、社会的に広がりをみせてきています。そして、それにともなって、モラル・倫理を問う声も高くなってきていますが、日本ではまだ根本的な点を問う議論がなされていないのが現状です。

私自身も医療倫理に関する会合に出席するのですが、本質的な議論はなされていません。〝このままでいいのだろうか〟と、現状に対して私なりに危惧を抱いていましたが、どのように議論の枠組みをつくってよいのかわからないので悩んでいました。そんなとき、松井先生のご著書、『一万年目の「人間圏」』に出会い、衝撃を受けました。

このご著書に出会う以前、私は、温暖化など地球環境問題の点から、〝今後の人類の生き方として、オーストラリアのアボリジニ[*2]のようなスタイルが理想なのではないか〟と、漠然とではありますが、考えていました。

それはなぜかというと、たとえば、彼らは自動車を乗り回していないのはもちろん、産業廃棄物も出さない。狩猟採集を中心に、いわゆる「地球にやさしい」生き方をしている。そこで、これが理想なのではないか、と考えていたのです。「ナチュラル・ライ

＊2・オーストラリアの先住民。20 世紀初頭まで狩猟採集を中心にほぼ石器時代同様の生活を営んでいた。当初約 30 万人と推定された人口は、一時 5 万人程度まで減少したが、近時 25 万人以上まで回復してた。ただし、純血は 7 万人程度にすぎない。

フ」といいますか、おそらく、私のように漠然と〝「地球にやさしい」生き方をしないと、地球環境汚染は防げず、人類は滅亡してしまうのではないか〟と考えている人は少なくないと思います。

ところが、先生はご著書で、まさに宇宙の高みから地球と人類をとらえ、私の抱いているような考え、あるいは「常識」に潜む落とし穴、間違いを明らかにしておられます。つまり、約一万年前、人類は狩猟採集生活から農耕牧畜という生き方をはじめたことにより、他の動植物の「生物圏」から飛び出し「人間圏」をつくった。人類は、その人間圏で壮大な「実験」をしながら生きることをすでに「選択」してしまっている――その事実を見据えなければいけない、とおっしゃられています。

まさしくそのとおりでして、木を見て森を見ずということではないのですが、地表にへばりついているような見方では、人類、あるいは人間の総体が見えてこない。

生殖医療も同じように、最先端の医療技術とつきあっていますと、非常に高度に専門的な世界ですから、複雑で狭い世界に閉じこもっていく傾向があるわけです。そうした環境で、議論が高度になるということは、議論が細かくなるということです。つまり、わかりにくい話になり、だんだん実社会や一般の人たちから離れていく危険性があるのではないか。

二一世紀の人間像を考えるとき、先生がいわれるように、専門的で小さな世界ではなく、むしろ、ビッグバン[*3]以来の一五〇億年の時空の大きなスケールでとらえ直してみる必要があるのではないか――こういう考えがだんだん膨らんできました。そこで、〝これはもう、直接先生にお会いして、思いきって私の考えをぶつけてみるしかない〟と、今日お会いいただいた次第です。

それで、何からおうかがいしようかと考えたのですが、対談の大前提となるのは、やはり先生の「人間圏」という考え方、これだろうと思います。

この概念については、すでに先生がいろいろなところでご講演されたり、また、ご著書にも書かれているわけですが、今日の前提として、あらためてお話しいただき、そのうえで、私のほうからいろいろうかがいたいと思います。まず、先生がなぜ「人間圏」という概念を考えられるようになったのか、そのきっかけのようなことからお話しいただければと思います。

松井　私の考えに注目していただいて、ありがとうございます。人間の生死は、「人間圏」にとって重要ですし、私自身、胃がんの手術をした経験がありますので、医療に関

＊**3**・宇宙誕生の瞬間を指す言葉。宇宙は膨張と収縮をくり返していると考えられており、収縮が極点に達した時点でビッグバン（大爆発）によって新たな誕生を迎える。現在の宇宙は膨張過程にあり、誕生から130億年～160億年が経過したとみられる。

して興味があります。私のほうからも、先生のご専門である生殖医療や前立腺がんなどについて、のちほどいろいろご質問させていただきたいと思います。

さて、いまご質問のあった、私が「人間圏」という概念をなぜ考えるようになったのか、ということですが、私は宇宙、あるいは地球のことを専門にしていますので、「おまえは、地球環境問題に関してどう考えているのか」というような質問をされる機会が結構あります。

それで、「地球環境問題」といっても、結局は地球と人間の関係ですから、〝人間とは何か〟を明らかにしなければこの問題は解けないんじゃないか、と思ったのです。

ところが、いざ〝人間とは何か〟を考えようとしても、哲学的な人間、あるいは生物学的な人間の定義はたくさんありますが、従来の人間の定義ではたして地球環境問題を解けるのだろうか、と疑問に思いました。

というのは、こうした概念は二〇世紀的なパラダイム、あるいは、地球環境問題以前の枠組みのなかで考え出されたものであり、地球環境問題は人類が未曾有の段階に足を踏み入れたことで発生した事件だからです。

物差しとしての「人間圏」

松井　たとえば、有名なデカルト[*4]の近代的人間、すなわち、「われ思うゆえにわれあり」という哲学的な人間の定義があります。これは「方法的懐疑」といわれているもので、彼は〝絶対的に確実な人間存在は何か〟と考えて、まず、すべての感覚的な知を排除しました。なぜなら、感覚はあいまいなものであり、ときに人間（理性）をあざむくことさえあるからです。

では、数学的真理はどうかというと、これは明白な真理だと私には思えるのですが、彼によればこれもダメで、要するに、彼はすべてのものを疑わしいと考えた。しかし、このように「すべてのものが疑わしい」と考える「われ」がいることは確実であり、それが真理だという。これが「われ思うゆえにわれあり」ということの意味でしょう。

しかし、私は、「思う」という脳の機能からみると、「思う」ことは、他との関係を通じて脳のなかに何らかの情報が蓄積されることだ、と考えています。もし抽象的に、外の世界と関係なく脳が「思う」ことができるとすれば、それは他と相互に作用する必要がない存在、たとえば「神」にほかならないでしょう。実際、デカルトの「われ」には、自己の不完全性を補うものとして、完全な存在としての「神」が前提とされています。

＊**4**・1596－1650。フランスの哲学者で近世哲学の祖。一切を疑った後、疑いえない真理の基準として「考える自己」を見出し、精神と物体を相互に独立する実体とする二元論哲学の体系を樹立した。解析幾何学の創始者でもある。著書に『方法序説』『哲学原理』など。

もちろん、デカルトは一七世紀の哲学者で、この定義には、当時の状況のなかで「われ」を定義し、「近代的自我」をつくりだした歴史的な意義があると思います。しかし、地球環境問題を考えるときに、こういう抽象的な「われ」、あるいは、「人間」ではどうにもならない。そこで、「地球環境を考えるのに適した概念がなければ、ひとつ自分で考えてみよう」と思ったわけです。

たとえば、現実に生きている生《なま》の人間は地球的存在、あるいは宇宙的存在といってもいいのですが、ともかく地球と何らかの関係をとり結びながら、いま、ここに生きているわけです。ですから、生身の人間を定義するときは、「われ思うゆえにわれあり」ではなくて、「われ交わるゆえにわれあり」と定義したほうが、はるかにリアリティーがあり、現実感覚にピタリとくるでしょう。

生殖医療をご専門にされている伊藤先生を前にして、「交わる」というと、なにやら男女の関係を連想されてしまいそうですが（笑）、私がいっているのは、そういうなまめかしい話ではなくて〝地球、あるいは宇宙と相互関係を結び、交わりながら生きているのが、人間の実際の姿だ〟ということです。

ここで、〝人間が地球と関係しているということはわかるが、宇宙と関係しているとはどういうことか〟と思われる方がいるかもしれません。これは、地球と宇宙というように、両方を分けて考えていることからくる発想で、それは、地球の外に宇宙が広がっているという考え方でしょう。

たしかに、「宇宙飛行士」といういい方もあるので、そう考える方がいるのも無理はないのですが、地球も宇宙の一構成要素なので、本当は、地球の外に宇宙があるという考えは間違っています。正確には、宇宙のなかの地球です。これは日本と世界があるのではなく、世界のなかに日本があるのと同じことです。

宇宙といっても、大規模構造という星雲レベル＝銀河集団のスケールから、そのなかの太陽系というスケールまでさまざまなスケールがあり、地球はその太陽系というシステムのなかの一つなのです。

伊藤 マトリョーシカというロシアの民芸品がありますね。木製の玩具で、ボーリングのピンのような形をした女の子の人形です。上下二つに分かれ、開けると一回り小さい同じ形のものが入っていて、それがだんだん小さくなっていく。最後は落花生ぐらいになってしまう。あれと似ていますね。

松井 面白い比喩ですね。そうかもしれません。宇宙のスケールでいうと、人間もこれと同じで、銀河系─太陽系─地球─人間圏というように、複雑に相互作用した「入れ子」のような構造のなかに生きているわけです。

私たちは日常生活のなかで、モノの大きさや長さを計るとき、そのモノに合わせた物差し＝スケールを使い分けています。たとえば、ドアの蝶番《ちょうつがい》がはずれて新しいネジを買ってくるとき、「このネジの長さが何センチかな?」と計っていくでしょう。そういうときは、一五センチぐらいの短い物差しでいいわけです。裁縫するときは、竹でできた三〇センチの物差しをよく使っていますね。それから、新しい冷蔵庫や洗濯機を買ってくるとき、その置き場所をあらかじめ計る場合、物差しでは間に合わないので、二メートルや五メートルの巻き尺を使うはずです。要するに、対象の大きさに合わせて計る物差し＝スケールを変える。そのほうがより早く、正確に長さを計れます。

地球環境問題を考えるときの人間も、どのスケールで考えるのか──この点が重要です。さきほどのデカルトの定義がいいとか悪いというのではなく、そうした定義では、地球環境を考える場合、間尺に合わないということです。「では、地球環境を考えるのに、どういう物差しがいいのか」というと、既成の物差しではなかなか間に合うようなものがない。そこで、私が考えたのが「人間圏」でした。簡単にいうと、これが私が「人間圏」という概念を設定した理由です。

伊藤 私も、先生の「人間圏」という概念＝物差しを使ってみた一人です。その物差しを使うと、生命倫理が絡んだ、非常に複雑でモヤモヤした生殖医療の問題が整理されていくのに驚きました。とくに、地球を一つのシステムとしてとらえることで、人類が全体としてとらえられる。これがとても大切だと思います。

宇宙からの視点

松井 それはありがとうございます。ところで伊藤先生は、アポロの月面着陸をテレビでご覧になられてますよね。

伊藤 あれは、大阪万博の前年ですから、一九六九年でしたね。当時はたいへんな話題でしたから、よく覚えています。アポロ一一号が月面着陸して、アームストロング船長が「この一歩は小さいが、人類にとっては偉大な一歩だ」といったことが伝えられて、星条旗が月面に立てられるのをテレビで観ていました。

松井 当時、「アポロの月面着陸をカラーでみよう」というキャッチフレーズで、家電メーカーがカラーテレビを売り出し、数百万台売れたらしいですね。

それはともかく、ビッグバンの起源には諸説ありますが、いちおう、一五〇億年前という説が標準になっています。

では、地球はいつごろ誕生したかというと、地球のいちばん古い鉱石が四四億年前のものです。すると、地球の誕生は四四億年前なのかというと、そうではない。アポロ計画の当時、それよりも古いのではないか、という推定がすでになされていました。

それで、実際にアポロ一一号が月に着陸して調査してみると、月には地球より古い岩石があることがわかった。これがだいたい四五億年以上前のものです。月は地球の衛星です。衛星のほうから一億年以上古い岩石が発見されたということは、地球も同じような経過をたどったと仮定できるので、地球の誕生も四四億年よりも古く、四六億年くらいまでさかのぼれるとされています。つまり、月と地球は兄弟姉妹のような関係で、月のことを調べると地球のことがわかる。つまり、月から地球のことが見えてくる。

このように、地球は閉じた系ではなく、宇宙のなかに存在しています。アメリカのアポロ計画は、いまとなってはなつかしい米ソ冷戦構造の産物の一つですが、アポロ以前、一九六一年にソ連がボストーク一号を打ち上げ、この人類最初の宇宙飛行に刺激されてはじまりました。

冷戦の話はおくとして、このとき、ボストーク一号は一時間四八分かけて地球を軌道飛行で一周し、人類最初の宇宙飛行士となったガガーリンは、パラシュートで帰還しました。そのときに発した一言が、「地球は青かった」という有名な言葉です。ちなみに、ガガーリンは六八年に事故死していますから、六九年にアームストロング船長が月面に着陸したことを知らずに亡くなっています。

宇宙から地球を見ると、部分ではなく全体が見える。宇宙から俯瞰した視点をもつことができるわけです。私たちは、夜空を見上げて、空気が澄んでいれば、そこに無数の星々がきらめているのを見ることができます。宇宙から見れば、私たちが住む星＝地球もそのなかの一つにすぎない。他の星に住む知的生命体が、地球を一つの星として眺めているということもありうるわけです。私たちは、地球の外に住んでいるかもしれない知的生命体を「宇宙人」と呼んでいますが、その宇宙人から見れば、私たちも「宇宙人」となるわけです。

このように、宇宙からの視点とは、①俯瞰的な視点から地球を全体として考える、②われわれを絶対視せず、相対的にとらえることができる、③地球史ともいうべき、非常に長い時間のスケールのなかで考えることができる――この三点において、とくにメリットがあります。それで、〝この視点から地球の全体を一つのシステムとしてとらえ、人類をとらえるとどうなるか〟ということでできた概念が「人間圏」でした。

伊藤　私の場合は、生殖医療の未来を考えたわけです。もちろん、生殖医療だけではなく、この「人間圏」は、人類全体・地球全体をとらえていく必要のあるさまざまな分野で、もっともっと取り入れられていくべき概念だと考えています。なかでも、私がとくに着目したのが、〝人類が一万年前に「生物圏」から独立して「人間圏」をつくった〟という点でした。

どういうことかというと、ピーター・シンガー[*5]らに代表されるように、哲学者、あるいは医学者が考える医療倫理は、生物学的な傾向が強い。人間も動物であり、哺乳類であるということは事実ですし、食物連鎖としても、人間を他の生物の環のなかで考えがちです。簡単にいってしまうと、生物のなかの一つの種である人間が他の生物と違うのはどこか――そこに「人間の尊厳」を求める。そして、たとえば、「人間は他の動物と違って、知的生命体である」というような区別がなされます。そして、「人間は万物の霊長である」という、あらゆる生物の頂点に立つ霊長類としての人間の定義があります。

＊**5**・オーストラリアの生命倫理学者、動物保護論者。いわゆる「人間中心主義」を批判し、「平等の原理にしたがって、すべての生き物に基本的要素があると考えなければならない」と主張する。

「人間圏」から「生物圏」へは戻れない

伊藤　しかし、ここには一種のパラドクスがあります。生物のなかでもっとも進化したのが霊長類としての人間である。その高度に知的生命体として発達した人間が、自ら生み出した科学技術・テクノロジーによって、自己の存在を脅かすようになっている。そうだとすると、進化を止めて生物のほうへ逆戻りしなければ、人間は生きていけなくなってしまう。

松井　それは無理ですね。アボリジニのような人々の存在は、オーストラリアのような地理的歴史的条件によって可能なのです。その他にも、狩猟採集生活をしている少数の民族はいますが、人類全体が逆戻りすることは不可能です。

伊藤　「人間圏」から「生物圏」へは戻れない……。

松井　そういうことです。人間が「人間圏」をつくって、「生物圏」から独立した。これが、地球システムにとって決定的な事件であり、現在、われわれはどのようなところにいるのか、そしてどこへ行こうとしているのか――これが環境問題を含めて、人間の全体を考える土台だと私は考えています。

では、「人間圏」とは何か。約一万年前に人類は狩猟採集生活から、農耕牧畜中心の生活をはじめた。人類がなぜそのライフスタイルを選んだのか、それにはいろいろ理由が考えられるわけです。ここではその理由はおくとして、一万年前に農耕牧畜という生産様式がはじまった、あるいはそれを選択したという事実が大切です。

私は地球を一つの「システム」としてとらえるといいましたが、システムというのは、①何によってそのシステムができているのかという構成要素と、②何によってそのシステムが動いているのかという駆動力に分けられるでしょう。

地球というシステムの構成要素は、大きくいって大気・海・大陸から成り立っています。ここに駆動力として、たとえば太陽エネルギーによって海から水が蒸発し、水蒸気が大気中で凝縮し雲となり、雲が大陸に雨を降らせて、それが川となってふたたび海に流れる——という循環したエネルギーの流れができ、一つのシステムとなるわけです。

「大気圏」という言葉はよく聞くと思うのですが、これはプラズマ圏の内側にある層で、中性ガスから成っています。この大気圏の下に海があり、海の上に大陸が浮かんでいる。正確にいうと、大陸地殻が海上に顔を出しているのですが、宇宙から見ると海の面積が広く、大陸はそこに浮かんでいるように見えます。大陸には南極のような氷で閉ざされた大地や広大な砂漠、森林限界よりも高い山脈がある一方、土壌があって森林や草原を構成している。そこに微生物を含めてさまざまな動植物がいます。

　このように、大陸地殻の表面にある土壌、その上に広がる森林や草原まで、有機物からなる地表を「生物圏」と呼んでいます。海にもプランクトンや魚、イルカ・クジラなどがいますが、生物圏はそうした層まで含めています。

　最近の研究では、二〇〇二年の『ネイチャー』誌（七月一一日号）に、ヒトの起源について、サルから分かれたヒトの化石として六〇〇～七〇〇万年前のものが見つかった、とあります。その区別は「直立二足歩行」とされていますが、これは森林の減少と関係しているようです。はじめアフリカの全土が森林で覆われていたのが、だんだん減少してきた。それにともなって、木から木へ伝っていたヒトの祖先も、草原に降りて暮らす必要が生じ、二本足で立って歩くようになった――これが猿人の誕生だといわれています。そして、原人↓旧人↓新人というように進化して、現在のわれわれ、現生人類《ホモサピエンス》がいるわけです。

伊藤　生物学的には、猿人から現生人類まで系統としてつながっていますね。

松井　ええ。ただし、直接に連続しているのではなく、絶滅をくり返していますが、生物学的にみると、ほかの人類と現生人類は同じ系列にあるといえるでしょう。

しかし、地球システムの観点からみると、現生人類とそれ以前の人類は段階をまったく異にしているのです。約一万年前まで、生物圏のなかの一員としての人類は、他の動物と同じように生物圏のなかのモノに依存し、そのエネルギーのなかで生きる存在にすぎませんでした。

ところが、農耕牧畜をはじめると、森林を伐採して農地や牧地にしたり、また、太陽エネルギーに依存するだけではなく、石炭や石油を利用するようになる。この人間のライフスタイルの変化は、地球システムを変化させることでもあります。

地球と人間が取り結ぶ関係が変化し、「人間圏」がつくられる。つまり、「生物圏」から「人間圏」が分化したのですが、この分化が何をもたらしたかというと、人口の爆発的な急増です。

人間が「生物圏」のなかで生きる場合、地球システムから利用するモノやエネルギー循環の総量が規定されていますから、その場合の人口は、おそらく一〇〇〇万人ぐらいではないかと試算しています。

しかし、人類は「人間圏」をつくり、生きられる規模を拡大してきました。現在の人口は約六〇億人です。なぜ、こんなに人口が急激に増加したのかについて、私は「おばあさんの仮説」と「言語の仮説」を考ているのですが、これは後で触れることになると思います。

いずれにせよ、もし、現在、「人間圏」から「生物圏」へ戻るとすれば、五九億九〇〇〇万人の人が生きられなくなる。したがって、生物圏へ戻ることは事実上、不可能なことでしょう。

人間圏の二段階―フロー依存型とストック依存型

伊藤 人口爆発に関してですが、松井先生のご説では、「人間圏」は「フロー依存型」と「ストック依存型」の二段階になっていて、人口増加もこの段階と関係している、ということですね。

松井 狩猟牧畜によって「生物圏」から分化しても、それだけでは、エネルギーは地球の固有のものに依存しているだけで、エネルギー循環の流れ＝フローを利用しているにすぎません。

江戸時代の日本を例にとると、石高制を基本とする農耕社会で、田畑でとれる農作物によって賄われていた。一年間に降る雨と日射量を計算して、農作物をつくり、それに

郵便はがき

恐れいりますが
切手を貼って
お出しください

101-0061

千代田区神田三崎町 2-2-12
エコービル 1 階

梨 の 木 舎 行

★2016年9月20日より**CAFE**を併設、
新規に開店しました。どうぞお立ちよりください。

- -

お買い上げいただき誠にありがとうございます。裏面にこの本をお読みいただいたご感想などお聞かせいただければ、幸いです。

お買い上げいただいた書籍

梨の木舎

東京都千代田区神田三崎町 2－2－12　エコービル 1 階

TEL　03-6256-9517　FAX　03-6256-9518

E メール　info@nashinoki-sha.com

（2024.3.1）

通信欄

小社の本を直接お申込いただく場合、このハガキを購入申込書としてお使いください。代金は書籍到着後同封の郵便振替用紙にてお支払いください。送料は200円です。

小社の本の詳しい内容は、ホームページに紹介しております。是非ご覧下さい。 http://www.nashinoki-sha.com/

【購入申込書】（FAXでも申し込めます） FAX 03-6256-9518

書　　名	定　価	部数

お名前

ご住所 （〒　　　　　　）

電話 （　　）

よって人々が生活していました。明かりもロウソクやナタネ油の行灯《あんどん》など、植物に依存していました。冬に暖をとる場合も、囲炉裏《いろり》に薪をくべたり火鉢に炭を入れるなど、植物によるものです。

この段階では、地球システムから流入してくる物資・エネルギーは一定量ですから、「人間圏」もその量に規定されて、そんなに拡大できない。新田開発によって耕地面積が増え、それにともなって人口が増加しましたが、それでも二〇〇年間で増加した人口は五〇〇万人程度でしょう。江戸時代の日本の人口はだいたい三〇〇〇～三五〇〇万人で一定していたようです。

この「フロー依存型」段階での人間と地球システムの関係は安定していて、人口が増えないかわりに、人間が地球システムにあたえるダメージも少ない。もちろん、「安定」といっても、エネルギーや物資の量が決まっていますから、養えない人たちも出てくる。末端の庶民の場合、養えない家族には、「姥《うば》捨て」、あるいは赤ん坊の「間引き」などの悲惨な状況も生まれます。

次の「ストック依存型」の段階が、一八世紀半ば以降、つまりイギリスの産業革命以降です。これは、地球システムの物資・エネルギーの流れに依存するのではなくて、たとえば、蒸気機関による駆動力を獲得する次の段階へ入ります。蒸気機関を動かすのは石炭で、これは化石燃料ですから、長い時間をかけて地球にストックされてきたものです。石炭にせよ石油にせよ、ストックによる駆動力に依存するような段階――私はこれを「ストック依存型」と呼んでいます。

この段階になって何が変わるかというと、まず人や物資が動くスピードです。それに加えて、動かす量が増えます。こうして「人間圏」へ流れ込む物資やエネルギーが増えると、それまでの人口を規定していたものが拡大しますから、より多くの人口を維持できるようになります。

人口の伸びは、直線的に右肩上がりになっているのではなく、二〇世紀に入ってから曲線を描いて急上昇しています。二〇世紀初頭はだいたい一五億人程度といわれていて、現在は六〇億人ですから、この一〇〇年間で四倍に増えている計算になります。

今後も二〇世紀の増え方がつづくとすれば、いったいどうなるでしょうか。計算のうえでは、あと二千数百年もすると、地球の重さと人間全体の重さが同じになり、その後は、人間のほうが重くなっていきますから、そうなれば、「地球」というより、「人球」といったほうがふさわしいでしょう。

もう一点付け足しておきたいことは、一人当たりの代謝エネルギー量の増大です。現在の人類のエネルギー代謝量は、狩猟採集時代のそれの比ではありません。代謝エネルギーからみた場合、「一人の人間は一頭のゾウに匹敵する」といわれています。

ご承知のように、ゾウは草食動物であり、植物を食べることによって、生きていくのに必要なエネルギーを摂取しています。そして、その植物は水と空気、それから太陽エネルギーによって生育しています。

ゾウの体重は一トン程度ですから、人間も同じように草食動物であるとすれば、体重比からいって、ゾウの代謝エネルギーは人間の十数倍という計算になります。

しかし、人間は雑食で、農耕牧畜によって穀物や肉、乳製品その他をつくりだして食べています。そうしたものに使われるエネルギー量は膨大です。また、人間はゾウと違って服を着ており、住居のなかでガスや電気を使ったり、自動車に乗って走り回るような存在です。つまり他の動物にはないエネルギー量を使用しています。

こうした人間が生存に必要とするエネルギーの総量は、ゾウに匹敵するかそれ以上かもしれません。もし、人類が生物圏のなかにいるとすれば、六〇億頭のゾウを養うだけの物質・エネルギーはありませんから、すでに絶滅しているはずです。

代謝エネルギーからすると、「一頭のゾウに匹敵する」人類が生きていられるのも、「人間圏」をつくったからです。それによって人口を増加させてきたわけですが、それが限界にきている。地球環境問題も、もはや「人間圏」が拡大できないところまできたという問題と密接に関係しているのです。

「地球にやさしい」生き方の問題点

松井 それで、伊藤先生が最初におっしゃられた「地球にやさしい」という言葉ですが、「人間圏」という立場からみると、私は地球環境問題に関して、これほどウサン臭いといいますか、馬鹿にした言葉はないんじゃないか、と考えています。

誰が考えた言葉なのか知りませんが、「地球にやさしい」という発想の根本には、地球に影響をおよぼすことが「悪」だという考え方があるでしょう。もし、本当に人間が地球に影響をあたえず、「地球にやさしい」生き方をするとすれば、「生物圏」に戻るほかはありません。

これは、さきほど申し上げたように一〇〇〇万人が上限ですから、五九億九〇〇〇万人が生きられない。フロー依存型の段階でも、上限は一〇億人程度ですから、五〇億人が生きられない。「地球にやさしい」という言葉の意味をつきつめていくと、「人間圏」のなかで生きるほかはない人間の存在そのものを否定するような、重大な欠陥というか、恐ろしい内容が含まれているのです。

「地球にやさしい」という言葉を考え出した人がそこまでつきつめていないとすれば、あまりにも甘い。実際は、地球環境などどうでもよくて、「地球にやさしい」というキャッチフレーズで「エコロジー商品」を売ろう、という程度の発想なのでしょう。

私は、こういう発想そのものが、地球環境問題の本質を隠蔽して人々を惑わし、ムードだけをつくりあげるものであり、地球環境問題を解決できない原因なのではないか、とさえ思います。

地球環境問題は、〝人類が一万年前に「生物圏」から分化して「人間圏」をつくり、もはや後戻りができない〟ということをはっきりと見定めたうえで、どうすべきかを考えなければならないと思います。

第1章　生命倫理と生殖医療

——遺伝子は神の「領域」か、それとも人間の「選択」か

デザイナー・ベビー誕生？

伊藤　われわれはもはや「人間圏」から後戻りできない――この点は、まったくおっしゃるとおりだと思います。それで、「人間圏」における生殖医療に関して、先生はどのようなご意見をおもちなのでしょうか。

松井　いや、医療に関しては伊藤先生のほうがご専門なので、逆に私がお聞きしたいのですが、いま私が医療に関して考えていることの一つは、これまでの医療は「生と死」でいうと、「死」にかかわるものだったのではないか、ということです。つまり、伝染病や死産、あるいはがん治療など、〝人間をいかに死なないようにするか〟という方向に集中した医療だったのではないかと思うのです。

「生物圏」では、医療という行為はありません。そこでは、生と死はバランスがとれていて、生があれば死があり、生も死もコントロールしない。それで、全体が安定しているわけでしょう。

しかし、「人間圏」をつくり、やがて人類が医療行為をするようになったとき、それは「死」から逃れるという方向に集中して行われるようになった。人が死ななくなるということは、人口の増加につながりますから、医療行為も「人間圏」の拡大と歩調を合わせてきたわけです。

　現在問題となっている生殖医療技術は「死」ではなく、おもに「生」にかかわるものですよね。そうすると、これまでの「死」に関する医療についてはＯＫで、「生」に関する医療行為は問題だ、というのはどうでしょうか。

　植物人間になっても、管をたくさんつないで生き延びさせることは問題にされない。その一方で、「生」ばかり議論するのは、「生と死」がワンセットだとすれば、ちょっとバランスを欠いた見方ではないかと思います。生殖医療だけではなく、人間にとって、あるいは「人間圏」において医療とは何ぞやということを、「生と死」の両面から問う必要があるのではないでしょうか。

伊藤　私も先生の「人間圏」という考え方に出会うまでは、生殖補助医療について、かなり否定的にみていました。しかし、いまでは肯定的になっています。さて、基本的なスタンスはそうだとしても、「人間圏」の将来に影響してくるような生殖医療技術があります。たとえば、デザイナー・ベビー、あるいはデザイナー・チャイルドです。

松井　そのあたりの事情にはあまり詳しくないので、何が問題なのか、現状をお聞かせください。

伊藤　遺伝子改変はマウスをはじめ、哺乳類に対してすでに行われていますが、人間への応用はなされていません。しかし、その実験はすでになされています。ある生物に固有の遺伝子に、外来の遺伝子を組み込むことを「トランスジェニック（遺伝子導入）」といいますが、マウスやブタ、ウシなどのトランスジェニック動物が誕生しています。

リー・シルヴァーは、他の生物がもっている能力を人間に移植することは、将来的に実現可能な範囲にあると述べています（『複製されるヒト』翔泳社、一九九八年）。他の生物が進化で得た遺伝子をつきとめて、それを人間の遺伝子に加えて「改良」するのです。

たとえば、ある種の動物は、紫外線や赤外線の範囲におよぶ視力をもっています。この能力を人間につけ加えると、人間の視野は格段に広がる。あるいは、発光器官をもつホタルやアンコウなど、発電器官をもつ電気ウナギ、磁気探査能力をもつ鳥、音波によってモノの位置を知るコウモリなど、ある分野に特化して非常に優れた能力をもつ動物がいるわけです。その能力にかかわる遺伝子を人間に移植すれば、こういう能力をもった人間が誕生する可能性があります。

そのほかにも、速く走りたい、背を高くしたい、長生きしたいなどの欲望が人間にはあります。そういうことを遺伝子操作で達成していくようになると、現生人類とは違った、新しいタイプの人間と呼べるのかどうかわかりませんが、超人類が出現する可能性があるわけです。

松井 まあ、そうなる可能性は否定できないでしょう。

生殖医療の倫理

伊藤 それで、私は日本不妊学会の理事長を務めていたのですが、私なりに「生殖医療倫理」の原則を考えたわけです。

まず、すでに米国で発達した生命倫理の四原則というものがあります。それは、①自律＝人格の尊重、②恩恵、③正義、④無加害というものです。私の考えもだいたいこの四原則に沿うものですが、人格の尊重が非常に大切だと思うのですね。自他を区別すると同時に、他者に共感しいたわる感覚。要するに、キリスト教的な隣人愛、「隣人を自分のように愛しなさい」ということなのです。これが普遍的な考え方だと思うのは、この積極的な隣人への愛を裏からいったのが、『論語』の「人からされたくないことは、自分からも人にしないことだ」という言葉なのです。つまり、洋の東西を問わず、〝自分だけがよければよい〟という考えは倫理的におかしい。
近年では、リチャード・ヘア[*6]が「他者からして欲しいと望む（つまり、われわれは彼等の選好を持って彼らの状況に置かれたとき）と同じように、彼らに対して行い、また隣人を自分自身と同じように（自分以上にではなく）愛すべきなのである」（『道徳的に考えること　レベル・方法・要点』内井惣七、山内友三郎監訳　勁草書房、二〇〇三年）といっています。つまり、紀元前あるいはそれ以前に説かれた倫理と現在の倫理に共通するものがあり、これは時間を超越した普遍性をもつ倫理だと思います。もちろん、それぞれ微妙にニュアンスが異なるのですが、そのいわんとするところはほぼ同じでしょう。

しかし、こうしたキリスト教的倫理、儒教的倫理がすべて現状に適応するかというと、そうでもない。それを痛感させられたのが、松井先生の「人間圏」という概念でした。やはり、時代は動いていて、後戻りできない。

もちろん、キリスト教的倫理から、〝遺伝子操作は「神」の領域だから、一切してはならない〟という立場があります。しかし、科学やテクノロジーを排除して「人間圏」はありえないのですから、むしろ、それらを積極的に取り入れていくべきではないか、と

＊**6**・1919－2002。倫理学者・道徳哲学者。オックスフォード大学教授、フロリダ大学教授を歴任。道徳的用語の意味は、行為や選択の指示をあたえる指令の働きにある（普遍的指令主義）と主張した。また、道徳的思考を直観レベルと批判的レベルに分け（二層理論）、批判的レベルの道徳的思考として功利主義を支持した。著書に『道徳の言語』（頸草書房、1982）、『自由と理性』（理想社、1982）、『倫理と現代社会』（御茶の水書房、1981）など。

考えるようになりました。そのうえで、無制限の使用・乱用をいかに防ぐか……。

この問題に関して、国の「厚生科学審議会」のなかに「生殖補助医療技術に関する専門委員会」があり、すでに、基本的な見解として、次の六項目を挙げています。すなわち、①生まれてくる子の福祉を優先する、②人を専《もっぱ》ら生殖の手段として扱ってはならない、③安全性に十分配慮する、④優性思想を排除する、⑤商業主義を排除する、⑥人間の尊厳を守る、というものです。

これらの点について簡単にコメントします。

まず①の生まれてくる子に関してですが、何に対する「優先」なのかをはっきりさせておかなければいけない。私は、優先順位《プライオリティ》として、夫婦やカップルなど、精子や卵子の提供者、医療関係者よりも、生まれてきた子の福祉を優先させなければいけないと思うんです。

かつて、人工授精をどのレベルのカップルまで認めるか、ということが問題となりました。一九八五年のイギリスの「ウォーノック報告」では、それを法律上の夫婦に限定しました。その理由は、「生まれてくる子の福祉の観点」を重視するということでした。そのバックグラウンドとしては、イギリスの伝統的な家族観があるといわれています。

ところが、カナダでは一九九三年に「ベアード報告」で、〝法律上の制限なし〟ということになりました。これは、人工授精[*7]技術が普及したということがあるでしょう。また、人権の重視ということもあります。それまで法律上の夫婦に限定して、レズビアン、ホモセクシュアル、社会的地位などによって差別してきましたが〝それは人権法に反する〟ということです。

たしかにそのとおりですが、現状を考えると、どんなカップルにも生殖補助医療を認めるというのはむずかしく、「事実婚」までというところでしょうか。いずれにせよ、カップルの意志以上に生まれてくる子の権利を優先させて考えることは、当然といえば当然のことです。

松井　生まれてくる子には、生まれ方を選ぶことはできませんからね。

伊藤　それから、自分の出自を知る権利の問題があります。この点に関しては、全面的に認めるのが筋だろうと考えます。ルーツを知る権利、かつてアメリカで、「黒人奴隷」をテーマにした『ルーツ』というドラマがありました。

それから、六〇年代後半に急進化した黒人解放運動の指導者に、ブラック・イスラムのマルコムXがいます。この「X」という名は変だなと思っていたところ、あれは、マ

＊**7**・人工授精とは、精子が卵管まで到達しにくい女性の子宮内に、人工的に精子を注入して妊娠を助ける方法。これに対して、卵巣から取り出した卵子と精子を試験管内で受精させ、受精卵を子宮内に注入・着床させる技術を「体外受精」と呼ぶ。現在では、受精困難な卵子と精子を顕微鏡下の操作で受精させる「顕微受精」が主に行われている。

ルコムが先祖をたどっていって、アフリカから奴隷として連れてこられたことを知った。それで、その祖先の名を探したところ、わからなかった。つまり、自分の祖先は、無理矢理アフリカからアメリカに連れてこられて、誰だかわからない。その怒りと哀しみを表した「X」ということらしいですね。このように、人間が自己の出自を知る権利、これは基本的なものでしょう。

松井　医療の現場では「告知」という問題がありますが、その点と関係してくるのでしょうか。

伊藤　はい。これはがんの場合と似た状況にあります。かつて、とくに日本では、がん患者に対して告知しないことが習慣となっていました。これは、欧米から批判される秘密主義というよりは、患者さんが生きる希望を失わないように配慮したものでしたが、日本人の考え方も〝真実を知るべきだ〟という方向に変わってきました。これは、医師と患者、患者と家族の関係において、よい影響をあたえています。

逆に、もし人工授精による出生を秘しておいた場合、医学的に予測される問題としては、本人が疑問をもち、検査をすれば遺伝関係がすぐに判明するケース、出自を知らずに近親婚してしまうケース、遺伝的にかかりやすい疾患（＝易罹患性）などがわからないケースなどが挙げられるでしょう。

それから、②の「人を専ら生殖の手段として扱ってはならない」ですが、これは当然のことです。

松井　そうですね。

伊藤　ただ、私は、②にも問題があって、これは「代理懐胎」、すなわち「代理母[*8]」や「借り腹[*9]」を禁止するために取り上げられているように思えます。この点に関して、二〇〇三年の生殖医療技術に関する意識調査では、借り腹に関して、「認めて良い」と「条件付きで認めて良い」を足すと、四四・三パーセントもあり、「認められない」の二三・九パーセントを大きく上回っています。また、代理母の場合、肯定的な意見が三〇パーセント、否定的な意見が三四・二パーセントです。否定派が多いのですが、その差はわずかで、やがて逆転するかもしれません。こうした状況を考えると、私は、代理懐胎は厳格な条件をつけて認めてよいのではないか、と考えています。

③の安全性の問題と⑤の商業主義に関してはあとで議論するとして、ここで④の優性思想の排除と⑥生命の尊厳について、簡単に触れておきたいと思います。

まず、優性思想ですが、これは二つに分けられると思います。〝重篤な遺伝病の回避〟

＊**8**・妻が妊娠不能の場合、夫の精子を第三者の女性に人工授精し、妊娠させることによって子どもを得ようとする手段。この場合、代理母は産みの母であると同時に遺伝的母親でもある。

＊**9**・体外受精させた受精卵（主に夫婦の精子と卵子による）を第三者の女性の子宮に移植し、妊娠・出産させる手段。代理出産する女性は、産みの母であるが遺伝的母親ではない。

と、もう一つは〝優れた子を欲する〟というものです。

遺伝病の回避については、たとえば、ピーター・シンガーは「その胚の潜在性はその胚を神聖な人命として扱う理由にはならない」と述べています。わかりにくい表現ですが、要するに、〝着床してから胚が人命として顕在化する〟ということで、潜在的な段階、つまり「着床前胚診断」[*10]は可という立場をとっています。これに関して、英国やフランスは、胎児が重い障害をもって生まれてくる可能性が高い場合に中絶を認めています。日本ではこの胎児条項はありませんが、経済的な理由でも中絶（二二週未満）が認められています。このように、着床後の診断で重度の障害が確認できる場合、中絶が認められる傾向にあります。

次に、優れた子を欲することですが、これは精子・卵子などの商品化＝商業主義と関係して、今後、重大な問題を引き起こすかもしれません。とくに、受精卵診断と遺伝子工学によるデザイナー・ベビーは、人類の未来を激変させ、ひいては松井先生の定義される「人間圏」を揺るがすのではないか、と私は考えています。

さて、最後の⑥「人間の尊厳を守る」ですが、これだけでは非常に意味が不鮮明であると思います。これは、すでに盛本審一郎氏が明らかにしていることですが（『生殖医学

＊**10**・体外で受精させた複数の４～８細胞期胚より単一割球を生検し、ゲノムを調べて重篤な遺伝子疾患の有無を診断すること。そこで得られた情報をもとに、子宮に戻す（着床させる）胚が選別される。

と生命倫理』生命倫理コロッキウム　1、長嶋隆、盛永審一郎　太陽出版、二〇〇一年）、日本では「人間の尊厳」という実質的概念を欠いている。西洋の場合、尊厳をもつものとは「基体」であり、自主自尊、アウグスティヌス[*11]によれば「神」ということになります。近代になって、デカルトやカント[*12]の思想を通じ、その「神」の位置に置かれることになったのが「人間」です。ところが、日本には、このような意味での「神」や「人間」はいない。したがって、「人間の尊厳を守れ」といっても、具体的に何を指しているのか、よくわからないのです。

ただ、欧米でも「人命の神聖性」、すなわち「すべての人命、そして、人命だけが神聖にして犯すべからざる絶対的な価値をもつ」というキリスト教的価値観は崩壊しつつあり、「人間の尊厳」の実体が揺らぎつつあるという現状があります。

それから、長嶋隆氏[*13]が指摘していることですが、近代的な概念とは別に、現在叫ばれている「人間の尊厳」は、「アメリカ流のバイオエシックスに対して、新たにヨーロッパ、とりわけドイツ、フランスが対抗的に生命倫理の枠組みを提示しようとしたときに提起された概念である」ということもあります。つまり、「人間の尊厳」という概念は、日本人にとってわかりにくいものなのです。

＊**11**・354－430。初期キリスト教会最大の思想家。人間は神の絶対的恩恵によってのみ救われ、地上の国はその救いの唯一の伝達機関である教会の精神的導きを受けるべきである、とした。『神の国』『三位一体論』などを著す。
＊**12**・1724－1804。ドイツの哲学者。科学的認識の成立根拠を追求し、認識は主観が感覚の所与を秩序づけることによって成立すると主張し、形而上学を否定した。著書に『純粋理性批判』『実践理性批判』『道徳形而上学原論』など。

す。

遺伝子操作の可否

伊藤　ちょっと長くなってしまいましたが、以上が、現在の生殖医療の問題点の一つです。

それでは、これから生殖医療が「人間圏」にもっとも大きな影響をおよぼすものと考えられる遺伝子操作の問題についてうかがいたいと思います。

いまいちばん話題になっているのはクローン人間だと思いますが、米国医師会は、「ヒトクローン胚[*14]の研究は臓器移植や再生医学に応用が期待される胚性幹細胞[*15]（ES細胞）の実用化などに有用」として、医師に対して患者や受精卵提供者へのインフォームド・コンセントなどを盛り込んだガイドラインを新たに義務づけています。一方、クローン人間作りはもちろん、ヒトクローン胚の研究をも全面禁止する法案が二〇〇三年二月に下院で可決され、ブッシュ大統領もこれを強く支持し、大統領・議会と医師会は鋭く対立しています。日本やイギリス、ドイツ、フランスでは、すでに罰則つきの法律で、クローン人間作りは禁止されています。今後、ES細胞、再生医療などの研究を進めたいという科学的探求心と、この技術の応用で得られるであろう利益＝商業主義があらゆる反対を押し切る可能性もあり、予断を許さない状況となっています。

＊**13**・日本医科大学助教授。医学教育・医療現場での倫理確立に取り組む。
＊**14**・ヒトの卵子から遺伝物質（核）を取り出し、体細胞の遺伝物質（核）を埋め込んで生育させた胚。この胚から誕生したヒトは、遺伝物質の提供者と同一の遺伝情報をもつクローン人間となる。1960年代半ばに最初のクローン動物（カエル）がつくられたが、1997年のクローン羊「ドリー」の発表によって、ヒトへのクローン技術の応用が現実味を帯びたものとなった。

こうしたなか、二〇〇一年に、われわれ日本不妊学会ではクローン人間反対の会告を出しました。英国でも反対意見が出ていますが、その理由は「まだ技術的にリスクが多い」というものです。一方、われわれのものは「クローン人間は、有性生殖によっておらず、また、既存の個体と同一の遺伝子構成を有する個体を産出するからいけない」というものです。

有性とはオス・メスの区別があることです。有性生殖とは、オスとメスの二個の配偶子（精子と卵子）が合体して接合体（受精卵）をつくり、それが発育して新しい世代の個体をつくる生殖方法を指しています。

松井　私は「地球学」という総合的な学問を立ち上げて、毎月一回、勉強会をやっています。この会には、物理・哲学・国際政治・宇宙その他さまざまな分野から、二〇～三〇人くらい集まりますが、そのなかに生物学者の長谷川真理子さんがいて、性の話についてうかがうことがあり、性について考えたことがあります。

男も女も、細胞分裂をくり返しているときはまったく同じなのに、なにゆえオスとメスに分かれるのか。それは通常、「個体のバラエティを生むためである」と説明されますが、これは結果からそういえるわけであり、最初の段階で何ゆえ有性、つまり男と女に

＊**15**・胚細胞の発達・分化を初期の段階にとどめたまま細胞数を増やしたもの。ＥＳ細胞（Embryonic Stem Cell）を用いれば、胚を必要な大きさの細胞塊にしたうえで、特定の刺激をあたえて、さまざまな組織や臓器をつくりだすことが可能と考えられる。

分かれるのか、よくわからないんですよ。

ただ、生き延びることを考えると、男女の分化はうまくできていて、人類が存続するためのタフなシステムだとは思います。実際、タフさの定義はむずかしくて、巨大隕石が衝突して恐竜が絶滅するような地球環境の変化をくぐりながら、非常に原始的で単純なシアノバクテリア[*16]などは生き延びているんです。種を生き延びさせる戦略として、何が有効かということについての答えはありません。

医療という行為が問題となるのは、まさにわれわれが生きているのが「人間圏」であるからで、「生物圏」のときには、医療という行為はありませんでした。ですから、「人間圏」を否定する観点から医療を論じてもしようがない。たとえば、「地球にやさしい」医療とか（笑）。

「死」のほうにも問題がなかったわけではなくて、脳死や臓器移植がありましたが、いちおうの解決がつけられたように思えます。しかし、急に「生」のほう、すなわち生殖医療が進展してきたので、あわてているという感じがします。

伊藤先生の危惧はよくわかるのですが、人類が医療という行為をはじめたときから、再生医療の方向性はすでに孕《はら》まれていたのではないか、と私は考えています。

＊16・生命系統樹で真正細菌と呼ばれるグループに属する原始的なラン藻。34億6500万年前の最古の細胞化石と非常によく似ており、ほとんど進化しないまま数十億年を生き延びてきた可能性が指摘されている。

つまり、自分の身体に何かあったときに、ほかからもってくるか、それとも自分の遺伝子を使うか――いずれにせよ、技術として可能となれば、自分の身体のスペアをつくって悪い部分と換える、あるいは欠損を補うという発想は、必ず取り入れられるのではないかと思います。これまでの医療行為の延長上にあるものに対して、「ノー」ということはできないのではないでしょうか。

伊藤　しかし、ある特殊な能力を延ばそうという目的のもとで、その遺伝子を組み込み、超人的な能力をもつ人間が誕生する可能性があります。

松井　それが優れた人間であるかどうかは疑問ですね。ある能力だけが突出した人間、たとえば天才は、それだけであれば人間として優れているようには思えない。

これは人間とは何かということとつながっています。私は人間とは総合的な能力、Aという能力、Bという能力……いろいろな能力がバランスよく発達したほうが優れていると考えますが。

伊藤　「人間圏」への影響ということでいえば、シベリアの凍土地帯やサハラ砂漠などは人間が住むのに適さないのですが、そうしたところに住めるように遺伝子を入れて改造する。あるいは水の中や土の中にも住めるように改造することも考えられます。居住域を拡大すると、「人間圏」の様相も変わってくるのではないでしょうか。

松井　そこまで変化するということは、いまの現生人類と違う形になってくるわけでしょう。

伊藤　ええ。

松井　そういうものを人間と定義できるのでしょうか。人間とは違った生物をつくることと、医療行為としてのものとは、レベルを区別して論じるべきでしょう。本来、土俵の違う問題を一緒に論じているような感じがします。現に医療として行われているものと、理論的な可能性として〝こういうこともありうる〟ということは、一緒に論じることはできないと思います。

たとえば、環境問題は人口増加と関係しています。環境問題を解決するために人口を減らすことができないとすれば、個人を小さくしようという提案が出されるかもしれない。しかし、これは絶対に認められないでしょう。

伊藤　たしかにそのとおりです。しかし、医療行為とその極端な可能性の間には相当な距離があるとはいえ、両者は切れていないで、さまざまな段階をへて、グラデーションをもってつながっている。その点が問題なのです。

科学技術と「人間圏」

伊藤　日本では、生命に関して、とくに根源的な議論はあまりなされていないと思います。

松井　私は、梅原猛さんと何度か対談しました。いろいろ教えられるところが多かったのですが、脳死の問題に関しては意見が分かれました。梅原さんが前提としているのは、これまで日本の伝統のなかで培われてきた死生観です。しかし、私にいわせてもらえば、それは地球システムと関連させると、「人間圏」以前の「生物圏」段階が基準になっています。

「生物圏」の段階に調和的な死生観も、それはそれで意味があります。しかし、いま現在のわれわれは「人間圏」を選択して生きているわけで、広く行われているがんの手術はいいが、臓器移植はいけない、という線引きはできないでしょう。

もちろん、「人間圏」を前提にすれば、正しい答えが出るというのも間違いです。あるのは「選択」だけです。そこで、専門家が提示すべきなのは〝いまこういう「選択」をすると、次の一〇年はこうなります〟というような、ある選択肢に対応する、的確な見通しと展望をあたえることではないでしょうか。

まず、「人間とはかくあるべし」というような崇高な目的や定義があって、将来のあり方を提示し、そこから下ってきて、「選択」をしろといっても、ゴールが決まっています。したがって、それは「選択」ではなく、強制になるでしょう。強制されたものに責任を負うことはできません。

伊藤　先生のお話を聞いていて思い出したのは、ロジャー・ゴスデン[*17]の次のような指摘です。つまり〝理想的な自然状態への信仰は、自然に干渉するテクノロジーを異端で災いの源と見なす傾向と強く結びついている。しかし、「技術」というものは、人間の生活に完全にとけ込んでいて、南太平洋やニューギニアの部族民と暮らしたことがある人類学者のマーガレット・ミードによれば、伝統的な生活様式が自然で、欧米型の生活様式を不自然と考えるのは感傷的なナンセンスにすぎない。社会は、自分たちの必要性と環境に応じた人工的な道具をつくっている〟ということです。

松井　さきほどもいいましたように、科学技術は人間が「考える」ようになったことの結果で、それは、さらに大脳皮質が発達した結果です。自然に対して働きかけ、自然を加工して生きることが「人間圏」に生きるわれわれの営みであり、それは一万年前からはじまっています。

＊**17**・英国リーズ大学の生殖生物学の教授。代理母や生殖医療の進歩に肯定的な立場をとる。著書に『デザイナー・ベビー』（原書房、2002）、『老いをあざむく〈老化と性〉への科学の挑戦』（新曜社、2003）など。

自然科学もその延長上にあって、〝自然とは何か〟を解明するのが目的でしょう。新しい方法・技術が発見されれば、どんどんそれを導入して自然を観察する。この好奇心がなければ、自然科学者ではない。そこで発見された新しい成果や原理的なものをどう使うか、どう応用するかは工学系の人たちが行う――というかたちで科学技術は発達してきました。

道具や技術が新しくなって、いろいろなことがわかる、あるいはできるようになってきたとき、それを応用したいという衝動は、自然科学者であれば当然のことでしょう。それは、医学でも同じだと思いますが、どうでしょうか。

伊藤　ええ。

松井　そうでしょう。では、技術的に可能だから何でもやっていいかというと、そうはなっていない。「人間圏」を破壊するようなものには、規制がかかっているはずです。

伊藤　それはおっしゃるとおりですが、生殖医療の場合、そうした規制がはずれそうだというのが問題なのです。つまり、科学技術の応用を科学者・学識経験者の意志で決定しているかというと、そうではない。とくに生殖医療の場合、商業主義の介入が非常に危惧されます。

松井　商業主義とは、つまり、金儲けのためには何でもやるということですね。生殖医療の場合でも、そうなりますか。

伊藤　ええ、その可能性が大きいのです。生殖医療における商業主義の問題点は、身体の一部、あるいは身体の産出物（たとえば卵子や精子）を商品化するという問題と、生殖医療技術自体の商業化の問題があります。

こうした問題は、人権、とくに経済的な弱者、つまり発展途上国の人たちにしわ寄せがいくので、規制したほうがいいと考える人が多いのは事実です。しかし一方で、日本で特定の生殖医療を規制しても、外国で受けられるという問題がある。また、金持ちはベンツ、ＢＭＷ、ロールスロイスなどの高級車を選ぶように、匿名の精子・卵子では不安があり、高価でも「優秀な」精子・卵子を望むということもあります。

米国では〝規制せず、市場原理にまかせたほうが学問・技術を進歩させ、ひいては世界人類の進歩に貢献する〟という考え方があります。実際、米国では、たとえば精子・卵子の取引きは規制されていませんが、あまり問題が起きていません。これは宗教的な利他主義が残っているため、さらには情報の公開性が保たれているためだと思います。

松井　私にいわせてもらえば、米国の信じている資本主義＝市場原理は、ソビエトが崩壊して勝利したから普遍的な真理であるかのように錯覚されていますが、これは共同幻想であり、これまで有効に機能した一つの経済システムにすぎません。

資本主義社会の魅力の一つは、〝機会均等で、万人にチャンスが平等にあたえられる〟というものです。あらゆることに積極的にチャレンジし、競争を勝ち抜いていく者が社会的成功者とされます。「弱肉強食」というのがまさにその特徴であり、社会的強者中心の社会、すなわちアグレッシブな近代的個人を前提にした社会像といえます。

しかし、これまで効果的に機能してきた経済システムが、今後もさらに発展し機能していくかというと、それはわからない。

アダム・スミス[*18]が『国富論』でいっているように、資本主義の原点は分業の成立にあります。彼はその前提として、①市場が存在していること、および、②あらかじめ直接に消費される以上の資財がストックされていること、という二つの条件を挙げています。『国富論』は、各個人が手に入れたストックを利潤をあげるためのファンド＝キャピタルに転化し、その総和として社会的資本が蓄積していくかが、一つのテーマです。各個人が手にするこのストックは、地球システムのなかに長い時間をかけて蓄積されてきた物質＝ストックからなるものです。

＊**18**・1723－1790。英国の経済学者で古典派経済学の始祖。主著『国富論』は19世紀に、世界各国の自由主義経済政策の基調理論となった。

そして、そのストックの総量には限りがありますから、二〇世紀に描いたような、バラ色の未来が無限につづくということはありません。地球資源の有限性からも市場経済万能主義には疑問が呈されており、無制限に利潤を追求する商業主義には規制がかかっていますし、今後、その規制が強まっていく可能性が高いと思いますが、どうでしょうか。

見えない形で忍び込む商業主義

伊藤　先生がおっしゃられるように、市場経済は先進国と発展途上国の経済格差を拡大し、いま問題となっている国際テロは、宗教的な動機よりも「貧困から生まれている」という指摘があります。また、イラク戦争も、「結局、石油資本が背景にあり、石油のための戦争ではないか」という批判があります。地球の資源や国際的な観点から市場経済主義や商業主義の無限の追求はむずかしいと思うのですが、商業主義で恐ろしいのは、ガリガリ亡者の剥き出しの商業主義は少なくて、むしろ、見えない形で忍び込んでくるものです。

生殖医療に参入する企業が、はじめから利潤目的であるということがわかれば、非難を浴びるでしょうし、生命にかかわることで金儲けをするという発想は排除されるでしょう。

しかし、リー・シルヴァーは、〝生殖への遺伝子工学の応用は、まず最初は、小児疾患、嚢胞性線維症や鎌状赤血球貧血症などの遺伝子に由来する難病に限定するかたちではじまって、その規制がだんだん緩和されて、肥満、糖尿病、心臓病、ぜんそく、がんなどの遺伝素質、ＨＩＶなどまで応用範囲が広げられていき、最終的には脳の精神的な分野までおよぶようになる〟といっています。この最後の段階に、デザイナー・ベビーが位置するのですが、適応範囲が広がるにつれて、商業主義がはびこり、利益が大きくなることはいうまでもないでしょう。

最終的な利益が莫大になるので、企業は最初の段階では、慈善事業として、無料で難病を救済するという形で参入してくると思うのですね。しかし、最初は難病に限定的であっても、一度臨床に応用されると、切れ目のないグラデーションでつながっていますから、どこからどこまでがよくて、どこからが問題なのか、非常に線引きがむずかしい。これが遺伝子工学の応用のもつ第一の問題点です。

次に、第二の問題点として挙げられるのは、既存の組織・法律では、生殖遺伝子工学への規制がむずかしいということです。

たとえば、農業のバイオテクノロジー、遺伝子組換えの応用に関しては、米国の場合、ＦＤＡ（食品医薬品局）、ＥＰＡ（環境保護局）などが規制していますが、〝人間への遺伝子工学の応用＝ヒト・バイオテクノロジーへの規制は農業のバイオテクノロジーとは別な基準が必要だ〟というのがフランシス・フクヤマ[*19]の意見です。

ＦＤＡとＥＰＡの規制の根拠となっているのは、人間の「健康」と環境への影響です。つまり有効性と安全性です。ヒト・バイオテクノロジーは病気の人間、ケガをした人を常態にすることが可能で、あとは安全性だけが問題として残りますが、それもやがてクリアされるはずです。したがって、有効性と安全性の観点からは、それらの基準をクリアしさえすれば、逆に、ヒト・バイオテクノロジーをどんどんやってもよいという根拠をあたえかねないでしょう。

三つ目の問題は、これもフクヤマが指摘している、研究者と製薬会社、バイオテクノロジー企業との関係です。一九九〇年代まで、バイオテクノロジーの研究者は、ＮＩＨ（米国立衛生研究所）など政府機関の資金援助を受けていました。遺伝子組換え安全委員会も、ＮＩＨのなかに設けられていました。つまり、政府の意向を受けたＮＩＨの委員

＊**19**・ジョンズ・ホプキンズ大学教授。コーネル大学で古典を、ハーバード大学で政治学を専攻。1989年、ブッシュ(父)政権下で国務省政策企画局次長を務める。その著『歴史の終わり』は共産主義の失敗と自由民主主義の正当性を論じて世界的ベストセラーとなった。その後、同書をめぐる議論を踏まえ、この十年余のバイオテクノロジーの進歩の危険性を指摘するとともに、今後とるべき方策を提言している。

会が内部ルールをつくり、危険な研究や倫理的に問題のある研究をチェックすることができたのです。

しかし、現在では新たなバイオテクノロジー企業が勃興し、産業として確立しています。その資金は潤沢ですから、バイオテクノロジー分野において、研究者は政府から資金援助を受けなくても、企業からの援助で研究できるようになりました。つまり、国家や政治の公的なルートにつながらなくなってきたわけです。バイオテクノロジー産業の規模は、二〇〇〇年現在で研究投資額が約一一〇億ドル、被用者は一五万人を超えるとされています。フクヤマは、〝バイオテクノロジー業界やテクノジーの商業的利益と無縁の「純粋な」研究者は、非常に少なくなってしまった〟と述べています（『人間の終わり』ダイヤモンド社、二〇〇二年）。政府はある程度まで、国民の意志を反映します。それが民主主義ですが、企業はそれ自体の独自の論理・営利目的によって動いているので、必ずしも国民の意志を反映するとは限らない。そこが問題だというわけです。

松井　米国の場合はそうかもしれませんが、日本ではどうですか。

伊藤　日本でも同じような現象があります。現在、医学関係の学会を開くのに、製薬企業の援助が必要となっています。それで通例、学術学会では収入を増やすために、冠シンポジウムやセミナーなどを多数開きます。その際、企業は講演者の選択について候補を挙げてきます。もちろん、その候補者を断ることもできると思いますが、援助を受けていると断りにくいという心境になるのです。また、企業から医師に多額の研究費が寄付されています。これがそれらの人々の発言などに影響しないことを祈ります。

フクヤマは「資金ルートに光をあてよ」といっていますが、企業が資金援助というかたちで、学会の方向をコントロールすることは、米国・日本に限らず、市場原理の働くところなら、どこでも起こりうると思います。

松井 お話はたいへんわかりやすくて納得できるのですが、そうした情報がなかなか一般の人たちに伝わっていかないことが問題だと思います。情報がなければ「選択」はできないわけで、やはり情報の提示が大切ですね。

「選択」についてもう少し説明すると、環境問題や生殖医療問題を含めて、いま現在、きちんとした「選択」をしておかないと、一〇年ほど先にたいへんなことになるような、切迫した課題が山積みされています。その意味で、私たちは日々、「選択」を迫られているといっても過言ではないほどです。

しかし、あまりにも大きく、かつ複雑な課題なので、わからないという人、あるいは政治学でいう「アパシー（無関心）」な人が結構います。こういう人たちに「選択」できるように、問題をわかりやすく整理するのが専門家の任務だと述べましたが、こういう人たちの側にまったく問題がないかというと、そうではありません。「選択」は「責任」と関係していますが、ある結果が出たとき、自分は「選択」していないから「責任」がない、と思っている人がいるのです。

そういう人に限って、不平をいうことが多いようです。しかし、「選択」をしないということは、現状を黙認しているわけですから、現状を「選択」しているということなのです。自分だけが価値中立であることはできない。現状に対して沈黙していることは、積極的ではないにせよ、消極的な支持ということになるでしょう。

伊藤　それは「われ」という自我意識と関係してくるのでしょうか。

松井　そうですね。「われ」といってもいいし、「個人」といってもいいのですが、現在の教育では、生まれながらにして「われ」という意識のある個人が存在することが前提となっています。そして、学校教育の現場では、個性の尊重が叫ばれています。

それで、どういう結果が生まれているか。私が接しているのはおもに大学生・大学院生ですが、成績は優秀でも、自分で主体的にモノを考え「選択」するという意味での

「われ」意識をもっていない若者が多いような気がします。

すでに「われ」をもっているという前提で学校教育をはじめるのではなく、自己と他者をきちんと区別してものを考えられるような主体性＝「われ」をつくるように方針を改めてもらわないと非常に困ります。「人間圏」をつくって生きる「われ」、あるいは、「われわれ」という意識・自覚はそのあとにくるわけですから。

「健康」は時代とともに変わる

松井　それから、現在、「健康」ブームですが、一見自明にみえる「健康」という概念も、一度疑ってかかる必要があるのではないでしょうか。実は現在、私は「人体実験」をしながら考えていることがあります。

伊藤　「人体実験」ですか。

松井　というとおおげさなんですが、これは私のからだを使っての実験ですので、ご安心ください（笑）。私が胃がんの手術をして入院したのは、一九九八年の年末から九九年の正月にかけてです。このとき胃の下部三分の二を切除したので、容積は残りの三分の一になってしまいました。これは一般的な「健康」の概念にあてはめると、不健康な状態ということになると思うんです。

胃は、食べたものを一時的にストックして、消化しながら少しずつ腸のほうへ送り出す臓器です。実際、これだけ胃を切除してしまうと、タンクの部分がなくなり、食べたものをストックすることができません。

したがって、一度の食事の摂取量が減り、ゆっくり時間をかけて咀嚼《そしゃく》する必要がでてきました。寿司屋に行っても、それほど量が食べられませんから、「前みたいな健康なからだだったら、アナゴをもう一つ食べたいところだが」というような……（笑）。また、食べ物の好みも少し変わって、肉食はもたれる感じがするので、消化によい魚や野菜中心になりました。

しかし、あるとき、翻《ひるがえ》って〝待てよ〟と考えてみたのです。

現在の日本は「飽食の時代」といわれています。たとえば「デパ地下」、つまりデパート地下の食品街が賑わいをみせ、いろいろな食材や総菜が所狭しと並んでいますが、その「豊かさ」の享受の陰には、肥満や生活習慣病などの現代病がある。これを避けて「健康」を維持するためには、カロリーの過剰摂取を控え、肉食よりは魚・野菜中心の和食がよいとされています。ということは、胃を切除したあとの私の食生活がまさにそれで、プラス思考によれば、私は健康的な身体になったといえなくもない（笑）。

伊藤　なるほど、「健康」という概念も、時代の変遷とともにある。人間の身体は長くつづいた飢餓を生き延びるようにできているので、現在のような「飽食の時代」には、よほど禁欲的でないと肥満になってしまう。

松井　そうなんです。先進国には食べすぎ、肥満に悩む人々が大勢いる一方、WHOの統計では、地球上で約一〇億人が飢餓線上にいるわけです。これはかなりバランスを欠いた事態でしょう。

私は、胃を切除してから、体重が一〇キロ以上落ち、身体が軽くなりました。そういう意味で、身体の線は細くなりましたが、一度は失ったかもしれない生命ということを考えると、あまり恐れるものはない。精神的にはむしろ強者になったとさえいえるでしょう。私は、胃を切除することで、それまでの胃に食べたものをストックする「ストック依存型」の身体から、食べたものをフローとして腸に送り出す「フロー依存型」の身体に改造することに成功した（笑）。

伊藤　まさに今後、「人間圏」を維持していくのに望まれる理想的な身体ということですね。

松井　ええ（笑）。といっても、偉そうなことはいえません。私の場合、胃がんになって外科手術の結果そうなりました。自ら望んで「選択」した結果ではありませんので、ご注意を（笑）。

ただ、身体というのはそれ自体、有機的に結びついた一つのシステムです。臓器と臓器は相互作用していて、その一部を切除した結果、どのようなことが起こるかわからない。消化能力の低下が他の臓器にあたえる影響、あるいは精神状態への影響の有無、また、手術というストレスが身体におよぼす影響など、注意深く観察しなければならないと考えています。

生殖医療があいまいにする「人間」

伊藤　ところで、これまでのお話ですと、先生は生殖医療に関して、あまり規制すべきではないというお立場なのでしょうか。

松井　基本的にはそうです。ただ、くり返しになりますが、私は、「生物圏レベル」における議論と「人間圏レベル」における議論をきちんと分けないと、問題は解決しないのではないかと考えているのです。

地球環境問題に関していえば、「人間圏」という枠組みのなかで考えなければならないことを、「生物圏」の基準で考えていることが、あまりにも多い。

たとえば、「地球にやさしい」という貧困な発想のなかに、科学技術の否定、人間の営為の否定、人間存在そのものの否定が含まれていることに気づかない。気づかないままに、耳ざわりのいいフレーズだけが流行して、「地球にやさしい」という商業主義に取り込まれ、環境問題を拡大している、ということがあるわけでしょう。

だからといって、二〇世紀の「右肩上がり」の発想で、技術的に可能であれば無制限に何でもやっていい、ということにはならないと思うんです。もし無制限に何でもやれば、「人間圏」は地球システムのなかで安定性を失って、「人間圏」そのものが崩壊する。

そこで当然、規制や制約が必要になってきます。ただし、それが「倫理的にこうなんだ」というかたちで、絶対的な真理であるかのように議論されると、たちまち袋小路に入ってしまって、解決がつかなくなると思います。

伊藤　ただ、生殖医療の場合、いったん認めてしまうと、もう後戻りができなくなる恐れがあります。また、一般には〝時間をかけて議論すればいいじゃないか〟と受け取られているようで、なかなか関心が高まらない。しかし、その一方で生殖医療技術は急速に進んでいく。

フランシス・フクヤマは、「人間としての資格がより多くのグループに認められていく過程で、自然科学は、ある程度役に立ってきた」と述べています。つまり、人間の見かけの違いは文化によるものであり、人間の本質は普遍性をもつということでしょう。これは、文化人類学者のレヴィ＝ストロース[*20]と同じ立場だと思います。

しかし、彼はまた、バイオテクノロジーによって「人間の遺伝子に他の種の遺伝子をいろいろ融合させすぎて、『人間とは何か』はもはや曖昧になり、『共有された人間性』という概念すら失われてしまうかもしれない」と述べています。つまり、古典的なヒューマニズム概念の喪失の危機を訴え、たとえば、「一〇〇歳を超えて長生きし、死を望みながら、しかし死ぬこともできず、介護施設でじっとしている人であふれる」ような可能性がある未来を受け入れる必要はない、と断言しています（前出『人間の終わり』より）。

また、慶応大学病院が申請したデュシェンヌ型筋ジストロフィーの着床前診断が承認されました。こうした着床前の受精卵診断が、難病の予防に限定されて行われることについては、合意があると思うのです。しかし、ここに遺伝子工学が絡むと、これまで何

＊20・フランスの文化人類学者。人類学に構造主義的方法を取り入れ、親族の研究や神話の分析を行った。著書に『神話論』『悲しき熱帯』『野生の思考』など。

万年とかかってきた人類の変化が、一夜にして起こりうる。それだけではなくて、人間以外の動植物の染色体を人間に移植したり、人工染色体をつくって、四六本の染色体が五〇本になるという可能性も出てきました。

こうした可能性が実現可能になるまでにはまだ時間がかかりますが、実現可能になってからでは遅いので、いまのうちから議論する必要があると思います。

「人間圏」における「われ」、あるいは「われわれ」

松井　いまおっしゃられたように、問題を明確にしてもらうと、専門外の人々でも選択が可能になってくるわけです。

ですから、問題設定は専門家がするとしても、次の段階として重要なのは、一般の人たちに十分に問題の本質を理解してもらったうえで議論してもらうことではないでしょうか。そして、何をどこまで、どうすべきなのか——それを「選択」する。選択した以上は、選択した人たちが責任を負う。

この選択のときに重要になってくるのが、「われわれ」という考え方だと思います。「われ」という自覚が生まれたのは、やはり現生人類です。大脳皮質が発達して、その結果、「われとは何ぞや」というような思考をするようになる。この考える行為とは、脳のなかの多数の神経細胞の連結によるものです。

これまでの「われ」というもの、他者と区別した自己認識＝自我意識は、基本的に近代以降、デカルト以降のことだろうと思います。そのデカルトの「われ」の定義が、「われ思うゆえにわれあり」だということは最初にお話ししたとおりです。

そして、近代以降、「われ」といえば、この「われ思うゆえにわれあり」という哲学的人間論が前提となってきました。実際、いわゆる近代小説というものは、自己の内面をみつめ、語ることからはじまったものです。「告白」の文学とはそのことを指しています。

このように、この「われ」は、自己の外側ではなく内面へ向かう。

私が、この哲学的人間論における「われ」が問題だと思うのは、外界と隔絶したなかで「われ」を定義する概念である、という点です。

「われ」という存在は、現実態としては生物として外界から物質を取り入れ、それを身体や身体の駆動力としてエネルギーに変えながら、つまり外界と相互作用をしながら生きています。しかも、個人がポツンと生きているのではなく、共同幻想によって、共同体のなかで他者とともに生きています。

ですから、近代的な自己＝個体完結型の「われ」では、地球環境、あるいは「人間圏」をどうするかという問題は解けないのではないでしょうか。

倫理の問題もそうで、「生物圏」の倫理と「人間圏」の倫理とは違う。和辻哲郎[*21]流にいえば、倫理とは関係性ですから、関係性のなかで位置づければいい。正しい答えというものはないんです。

問題が根源的になればなるほど、交通整理をして、きちんと土俵をつくったうえで話し合わなければならない。

専門家の役割と情報の普及

松井　米国では世論形成のために、教育だけではなく、パブリック・アウト・リーチといって、啓蒙普及活動を盛んにやってますね。小学校・中学校レベルから、サマーキャンプなどで、ある特定の科学分野がいかにおもしろいかを伝えています。学会と一般社会との交流を図るわけです。

伊藤　日本でも市民公開講座などをやっていますね。

松井　ええ。それはそれで意義のあることだと思うのですが、公開講座や講演に足を運

＊**21**・1889－1960。倫理学者。西欧の個人主義を批判し、日本的人間観に基づく独自の倫理思想を構築した。文化史にも深い造詣をもつ。東洋大・京大・東大教授。著書に『鎖国』『日本倫理思想史』『古寺巡礼』など。

ぶ層はだいたい決まっていて、関心のない層を取り込むにはいま一つです。

私が個人的にやっている啓蒙活動・普及活動は、講演のほかにテレビに出たり本を書くことぐらいです。本は、ベストセラーになればともかく、何千部という単位で、せいぜい売れて一万部ぐらいでしょう。

私も大学で市民公開講座をやりますが、来られるのは、私と同世代かそれ以上の人たちです。もちろん、私の話を聞くためにわざわざ足を運んでくれるこうした人たちは重要で、また、ありがたいことですが、今後の「選択」ということでいえば、地球環境問題その他、より切実になってくるのは、その下の世代です。

この下の世代に、いかに「選択」の重要性を浸透させるか、これは個人の力業では限界があります。やはり制度として、米国の教育とパブリック・アウト・リーチのようなシステムを導入し、小・中・高程度の児童や生徒に、「君たちの将来は、君たちの選択にかかっている」ということ、そして、自分で主体的に思考して「選択」する、独立した個人としての意識をもたせるような作業が必要だと思います。

遺伝子の領域に入り込んだ場合、それを是とするか非とするか、それはそれぞれの風土に根差していますから、答えはないと思いますね。

伊藤　ただ、現在は、〝すべていけない〟という人が少なくないと思います。

松井　それはわかりますよ。〝遺伝子は神の領域である、人間が手を出すべきではない〟という考え方でしょう。

伊藤　ええ。

松井　しかし、そういう国に住んでいても、全部が全部、「非」と思っている人ばかりではないでしょう。したがって、着床前診断が他の国で可能だとすれば、希望する人はその国に行くでしょう。現在は欧米と日本の話ですが、中国やインドに遺伝子操作の技術が導入されて実施可能になれば、また違ってくるでしょう。

伊藤　そうですね。中国は、いまや臓器移植に関しては、ある意味では日本よりはるかに進んでいます。

松井　この議論に関しては、是非を問うかたちではなく、伊藤先生のような専門家を含めた医師の側の総意と、患者や施術を望む人々との総意が形成されて、極端な意見は排除され、その中間ぐらいのところに合意が形成されていくことになるのではないでしょうか。あらかじめ、何が善で何が悪かはいえないと思います。

現在、是非の議論があるのは、専門家の人たちの間でしょう。その人たちは、生殖医療の知識をもち、ある「選択」が将来どういう意味をもってくるかを知悉したうえで議論されていると思うんですよ。

この場合、〝専門家や学識経験者以外の一般の人たちをどう巻き込んで世論を形成するか、広く合意を形成するか〟という問題と、巻き込んでいくときに、〝一般の人々に、ある「選択」のバックグラウンドをいかに知らせるか〟という、二つの問題があると思うんです。

専門家と学識経験者だけで物事を決定して、一般の人たちが参加できないとすれば、それはその決定の手続きに問題があるでしょう。一方、ある技術に対して知識がない、あるいは間違った認識のもとで議論が行われ、決定がなされれば、「選択」を誤る危険性もある。これは生殖医療のみならず、環境問題その他に関しても同じです。

現在の「人間圏」は大衆化社会ですから、大衆社会における意志決定の手続きが問題になってくるでしょう。大衆社会の意志決定とは、民主主義の原理に基づいて、マジョリティが力をもつということです。われわれにできることは、情報を開示して、意志決定は大衆に委ねるほかはないのではないでしょうか。その情報を整理して開示するのが、学会の役割だと思います。

整理の仕方として、〝何がどれぐらいの切迫性をもっているのか〟というやり方もあると思います。たとえば、五年先に影響してくるもの、一〇年先に影響するもの、あるいはそれ以上になって問題となってくるもの、というようにタイムスパンで分けるというやり方です。ともかく、専門家がもっている情報を整理して提示すること、これが大切だと思います。

第2章　セックスと人間圏

——分離される生殖とセックス

増加する性感染症

伊藤　これまで、生殖医療についてうかがいましたが、もっと身近で早急に取り組まなければならない問題として、生殖に関係する「性」の問題があります。

松井　「性」の問題は、「人間圏」と密接にかかわっていますので関心があります。

伊藤　現在、日本では、性行為によって感染するエイズを含めた性感染症が増加の一途をたどっています。なかでも若い人、とくに女性の感染が急増しています。

松井　ひところよりは、エイズなどは話題に上らないような気がしますが、〝それは性感染症が減少しているからなのかな〟と漠然と思っていました。減少ではなくて、増加しているのですか。

伊藤　はい。その原因は、性感染症に対する社会的関心が低下していることに求められると思います。要するに、若者の性の「自由化」がどんどん進んでいるのに比べて、性感染症、あるいは予防の知識が皆無に近いことが原因です。ある意識調査では、カラオケ・ボックスに行くような感覚でセックスをしてしまうようですね。「からだが求められるのは、自分が必要とされているからだ、と勘違いしてしまう」という意見もありました。

芥川賞を受賞して話題となった『蹴りたい背中』のなかで描かれているように、自己の確立が弱くて、グループをつくり群れている少年少女たちがたくさんいて、性の「自由」を行使するという意識だけはもっている、という不思議な現状があると思います。

これは若い人の側の問題ですが、大人の側の問題として、性教育に関して古い固定観念のようなものがなかなか抜けないということがあります。

松井 それはどういうことでしょうか。もう少し詳しく……。

伊藤 たとえば、ある市の保健所が、高校生を対象に「性意識に関するアンケート調査」を行おうとしました。そのなかには当然、セックスの経験の有無などの質問があるのですが、その市内にある高校から、「そういうアンケートはやめてほしい」と反対があって、中止になったそうです。

それから、これもある保健所で、高校生に配る性教育用のミニ冊子をつくった。それを見た教育委員が「こんなものを配ってはいけない」と反対したそうです。何がいけないのかというと、そこにはコンドームの使用法が載っていたからなんですね。

松井 ああ、わかりました。コンドームの使用法を載せるということは、高校生でもコンドームを使えばセックスしてもいいと認めてしまうことになる、ということでしょう。

伊藤　そうなんです。「寝た子を起こすな」という感覚なんですね。〝道徳を説いて、性の乱れを正すのが本当ではないか〟という倫理観でしょう。私などの年配はまだそういう意識が残っていて、私も同感です。しかし、現状はどうかというと、道徳を説いたとしても、性の「自由化」をただちに抑制できるかどうか。私はこの点に非常に懐疑的で、おそらく無理だろうと思っています。

コンドームを使わない若者たち

伊藤　性感染症に対する予防策はいろいろありますが、現段階で考えうるもっとも有効で具体的な方法は、コンドームの使用です。しかし、統計をみると、近年、コンドームの出荷量は減っています。これに反比例して、性感染症が増加しているのです。

コンドームは、性感染症の予防になると同時に、避妊に対しても有効です。コンドームが使われなくなると同時に中絶が多くなる傾向がありますが、これも予防できます。これは札幌医大の熊本悦明名誉教授が以前からいわれていることですが、セックスをするときには、最低限コンドームを使うという程度の知識は、エチケットとして広げるべきだと思います。

松井　たしかに、性感染症とコンドームは関係していると思いますが、自然科学を研究していますと、数字・データで確かめるのが習い性となっていまして、具体的なデータを見ないとイメージが湧いてこない。コンドームの出荷数の減少と性感染症の増加が関係しているとして、具体的な数字はわかりますか。

伊藤　表1は「性の健康医学財団」という私も所属している団体のデータで、「薬事工業生産動態統計」からとったものです。

これによれば、一九八〇年の一年間のコンドームの出荷数が約五一二万グロスです。グロスという単位は一二ダースですから、個数にすると一四四個。したがって、五一二万グロスは七億三七二八万個になります。そして、この年を境にして、あとは増減しながら、全体に下降していきます。

一九八一年はまだ五〇〇万グロス台ですが、八二年になると四六一万グロス、八三年には四〇一万グロスにまで下がり、その後もちなおして、八四年～九五年まで約一〇年間ほど四〇〇万～五〇〇万グロスの間となっています。しかし、九六年にはじめて四〇〇万台を割り込み、三九二万グロスにまで落ちました。それからはほとんど回復せず、九九年が三四五万グロス、二〇〇〇年が三四二万グロス、二〇〇一年が三一三万グロスと低迷し、そして二〇〇二年には二九六万グロスと、三〇〇万台を切ってしまう。八一年の出荷数に比べると、四割も少なくなっています。

では、感染症はどうかというと、表2のデータは人口一〇万人当たりどれくらい感染者がいるかという統計です。八〇年代後半からのものですが、淋菌感染症の場合、一五〇人前後からはじまって、九〇年代に一〇〇人程度に下がり、その後、増加して現在では二〇〇人を超えています。これは一〇万人当たりの数ですから、日本の人口を仮に一億とすれば、全体では二〇〇万人ということになります。

性器クラミジア感染症[*22]はもっと多く、これも一〇万人当たりの数字ですが、八〇年代には一五〇人程度で、その後、右肩上がりに増加して、現在では四二〇～四三〇人を超えています。三倍近く増えているのです。

ＨＩＶ感染者の場合は、厚生労働省の「エイズ発生動向年報」というのがあって、全国で新たなキャリアが何人いるかがわかります。八〇年代後半は一〇〇人いなかったのですが、その後、急激に増えます。一九九二年に四〇〇人を超えたあと、三〇〇人弱まで下がり、いったん沈静化したような感じになりましたが、九六年から上昇しはじめ、九九年に四〇〇人を超え、二〇〇〇年以降は六〇〇人台になり、〇三年は六四〇人とな

＊**22**・クラミジア・トラコマチスによる性感染症で、性感染症全体の40～50％を占める。とくに女性ではほとんど自覚症状がないため、放置されることが多く、感染増加の原因となっている。妊婦の性器クラミジア感染は流産・早産を起こしやすいだけでなく、母子感染によって新生児肺炎の原因にもなる。検査法の進歩により、現在では診断が容易になった。治療は抗生物質が有効。

表1　コンドームと出荷数の推移

薬事工業生産動態統計調査表

単位：グロス（× 144）

年	生産数	国内出荷数	輸出出荷数
1980（昭和 55）	6,574,747	5,118,999	1,455,748
1981（昭和 56）	6,415,853	5,055,846	1,360,007
1982（昭和 57）	5,999,573	4,607,180	1,392,393
1983（昭和 58）	6,054,882	4,030,458	2,024,424
1984（昭和 59）	5,600,018	4,532,890	1,072,624
1985（昭和 60）	5,529,432	4,454,598	1,178,104
1990（平成2）	6,477,617	4,239,793	2,671,950
1995（平成7）	7,410,676	4,102,273	3,508,585
1996（平成8）	7,138,196	3,917,138	3,508,585
1997（平成9）	8,587,626	4,001,709	2,670,140
1998（平成10）	7,099,974	4,010,552	3,307,096
1999（平成11）	6,474,145	3,450,708	3,023,437
2000（平成12）	5,913,410	3,418,152	2,564,423
2001（平成13）	5,838,125	3,122,986	2,715,139
2002（平成14）	5,356,798	2,962,868	2,393,930

表2　HIV感染者数・性器クラミジア・淋菌感染者数とコンドーム出荷数の年次推移

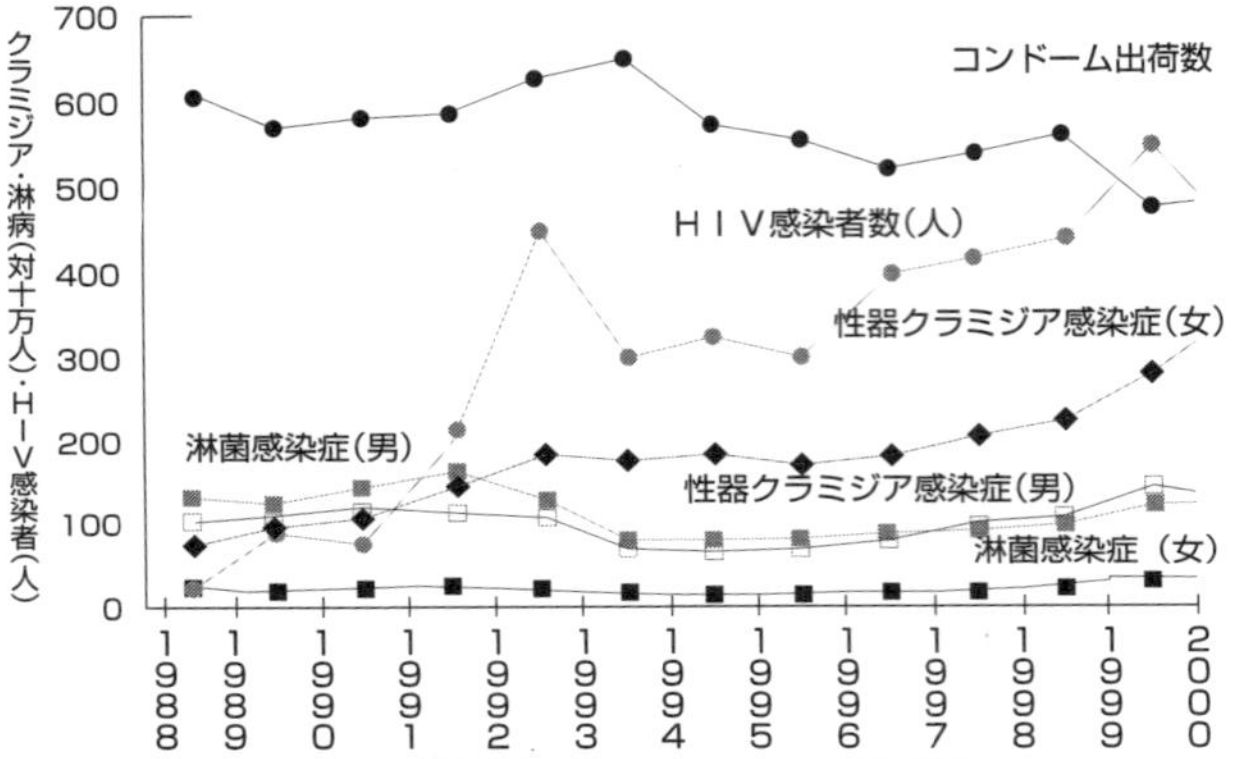

HIVについては厚労省エイズ発生動向年報：2003年、STDについては熊本悦明：
コンドーム出荷数は薬事工業生産動態統計による
表1・2とも(財)性の健康医学財団ホームページ(http://www.jfshm.org/topics/condom.htmi)より

っています。
それで、現在のＨＩＶ感染者はどうなっているかというと、二〇〇四年の三月～六月の三カ月で、新たな感染者が一九九人発見されています。毎年、新規の感染者数を加算したものが感染者数となります。トータルの感染者数は約一万二千人ですが、隠している人が多く、それが感染拡大の一因となっているという指摘があります。

松井　それは感染者側の問題だけではないと思います。エイズに対する知識の不足から、エイズ患者に対する偏見が少なからず残っています。感染者がそのことを公表できないのは、社会の側の問題でもあるでしょう。ところで、海外ではどういう状況になっていますか。タイでは一時期、ＨＩＶの感染者が一〇〇万人を突破していましたが、その後、どうなったでしょうか。

伊藤　タイはだいぶ減少しています。これまでのタイでのエイズの死者は約四六万人で、アジアの「エイズ大国」などといわれてきました。しかし、九一年には新規感染者が一四万人ほどだったのが、昨年（〇三年）には約二万人まで減少しました。それは何といっても、コンドーム使用の啓蒙効果ですね。
タイには、上院に「ミスターコンドーム」と呼ばれる議員がいて、コンドームの普及に努めているぐらいで、小学校でもコンドームの装着の仕方を教えています。「小学生から……」と思われるかもしれませんが、タイは、日本よりも性交渉が低年齢ではじまるんです。

それから、タイの農村、とくに東北部はあまり豊かではなく、都市部へ出稼ぎに出て生計を立てている家族が多いのです。そのため、出稼ぎに出た夫が都市部で感染し、帰省して妻に広めていくというパターンもあるようです。そこで、農村でもコンドーム使用の啓蒙活動をしています。

松井　中国はどうでしょうか。中国はＳＡＲＳ《サーズ》のときもあまり情報を開示しませんでしたが、中国のエイズ事情はわかるのでしょうか。

伊藤　日本もこのままでいくとたいへんなことになると思いますが、中国は日本以上に深刻です。中国はなかなかエイズの情報を明らかにしてきませんでした。しかし、三年前にＷＨＯから「情報を公開するように」といわれて、そのとき、すでに一〇〇万人を超える感染例がありました。推定では、二〇一〇年には一〇〇〇万～二〇〇〇万人に達するといわれているので、これはたいへんな数字です。小国ならなくなってしまいます。

松井　なるほど、恥ずかしいお話ですが、私はそうした深刻な状況になっていることに気がつきませんでした。

伊藤　いえ、松井先生だけではなく、ほとんどの日本人が知らないのではないでしょうか。

クラミジア・エイズ・不妊

松井　日本ではエイズについての関心が低い。これはマスコミがきちんとキャンペーンしないからだということもあるのでしょうが、日本人の関心はエイズに対してはじめから低かったわけではない。一時期高かったのに、低下してきているわけです。その原因は何ですか。

伊藤　一つは、日本のエイズが「薬害エイズ」としてクローズアップされたことと関係していると思います。「クリオ」という非加熱血液製剤を使用したことで、エイズ感染者がたくさん出ました。裁判では、その非加熱製剤の危険性を知っていながら、使用を許可していたのではないかが争われました。一般の人はそういう薬を使いませんから、エイズは自分とは遠い存在だと思ってしまったという側面があるでしょう。したがって、「薬害エイズ」問題が下火になると、エイズそのものの関心も低下したのではないかと思います。

それから、〝エイズは同性愛者がかかる病気だ〟という認識も根強くあります。同性愛者は少数ですから、こういう認識も「エイズは自分とは関係ない」という意識につながります。たしかに、同性愛者にはエイズ患者が多いのですが、〝同性愛者でなければエイズにならない〟という認識は間違っていますし、若い女性に多いクラミジア、淋菌などの性感染症ともエイズは関係しています。

また、さきほど松井先生がいわれたように、社会の側のエイズに対する認識不足や偏見から、エイズ感染者がエイズであることを告白できずにいます。これはエイズ・キャリアへの人権問題だと思うのです。そして、公表できないような事情のなかで、身近にエイズ・キャリアがいないという誤認――これもエイズ問題を疎遠にしている要因であると思います。

こうした理由から、先進国のなかでエイズ感染者が増えているのは日本だけです。この状態を放置しておけば、そう遠くない将来に、エイズ禍がパッと起こると思います。

松井　それは由々しき問題ですね。何とかしなければいけないと思いますが、いまのお話のなかで、クラミジアや淋菌感染とエイズが関係しているという指摘がありました。

具体的にどういう関係があるのですか。クラミジアの感染者が増えているというのはよく聞きますが、両者を関連づけて取り上げることはあまりないように思えるのですが。

伊藤 まず、クラミジアや淋菌感染とエイズ感染はまったく同じ性感染症だということを認識するべきです。たしかに、クラミジアや淋菌の感染率は一回のセックスにより約三〇パーセントと高いのに比し、エイズの感染率は一パーセント以下といわれています。しかし、感染の確率が低いといっても、たった一回のセックスでエイズになってしまった人も多いのです。次に、クラミジアや淋菌などの性感染症があると、炎症のため性器の粘膜が傷ついて、エイズ・ウイルスが数倍も感染しやすくなってしまいます。なお、解剖学的な関係で、女性から男性へ感染するよりも、男性から女性へ感染する確率のほうが高い。この点に関しては、アフリカやハイチの一部で行われる無防備なセックスではエイズも五〇パーセント以上の確率で感染し、男女の差はなくなってしまうそうです。

性感染症は、男性の場合、たいてい自覚症状があります。淋菌に感染すれば、尿道炎を起こして排尿時に激しい痛みがあります。膿《うみ》も出ます。クラミジアではその程度は軽いのですが、ほとんどの例で症状があります。これに対して、女性では多くの場合、症状が現れないことが問題です。人工中絶を受けた十代の女性で、クラミジア感染が四〜

五人に一人、淋菌感染が一〇～一一人に一人いたというデータがあります。いずれも自覚症状がなかったといいます。それで、セックスをすると男性に感染し、その男性が別の女性とセックスをするとその女性に感染する。こういう図式で感染者数がネズミ算式に増えてしまいます。

私は、性の健康医学財団で行われている性感染症相談を担当したことがありますが、まったく普通にみえる十代の女性にセックスの経験を聞いたところ、「現在は数人だが、いままでの合計は一〇〇人くらいかな」と平然といわれて驚いたことがあります。このような極端な例でなくとも、ごく平均的な「マジメ」な子でも、コンドームを使わずにセックスすれば、クラミジアや淋菌はもちろんのこと、エイズにもかかってしまうことがあるわけです。

松井　日本は明治以前から、性的な倫理に関してわりとルーズなようですね。外国人には、「こんなに性に寛容な国はない」というように映るようです。

高度成長期によくいわれた「日本人は勤勉でマジメ」というイメージ同様、性に関してもストイックなイメージがあるようですが、それはあくまで仕事に関してであって、性に関しては違う。ほとんどフリーセックスの状態に近い。しかし、その一方で、性の話はタブー視されているところがあります。つまり、実態としてはフリーセックス状態なのに、性に関する話は後ろめたいというか、週刊誌などのヨタ記事のようにレベルが低いものとみられている。性に関してまじめに話す習慣がない。これでは性感染症はなかなか防げないでしょう。性病やセックスに関する話題を隠すような傾向はやめて、もっとオープンにしないといけないですね。

ところで、最近、セックスをしないセックスレスの夫婦が増えてきたと聞きますが、これは少子化につながります。同じように、性感染症の増加と少子化現象とは、何か関係があるのですか。

伊藤　おおいにあります。淋菌やクラミジア感染は女性の卵管を閉塞して、不妊症になる場合があります。卵巣から排出された卵子は卵管内で精子と結合し、子宮へと降りてきて着床します。これらの病気になるとそれが妨げられるので、妊娠しません。そのような場合、不妊治療として体外受精が必要となります。この危険性は、クラミジアより淋菌のほうが高いのですが、クラミジアのほうが頻度が高いので、不妊症に対するインパクトはクラミジアのほうが強いといえるでしょう。

今度、国は不妊治療に補助金を出すようになりました。それは必要なことですが、性感染症から不妊症になる可能性が高いことを考えると、性病予防にも力を注がないかぎり、不妊症対策としては十分なものにならないのではないかと思います。

「言語の仮説」と共同幻想論

松井　お話をうかがっていて興味深かったのは、われわれは「人間圏」をつくって生きはじめたときから、「何のために生きるのか」「何ゆえに存在するのか」という問いかけがはじまったということ、そして、このことと性の問題とが関係してくるのではないか、ということです。

われわれは、根本的に言語を使ってコミュニケーションします。言語を明瞭に話せるようになることは、抽象的な思考ができるということでしょう。

ヒトの生物学的な特徴としては、大脳皮質が発達し、脳の容量がほかの生物に比べてとても大きいことが挙げられます。脳のなかには多数の神経細胞があって、それらが相互に連結する。その連結の仕方、脳の状態の変化が「考える」ことに相当する、といわれています。要するに、大脳皮質が発達したことによって、ヒトはそのなかでモノを「考える」存在となりました。

私の考えでは、人間は外部の世界を大脳皮質のなかに投影してモデル化し、その内部世界を基準にして、いろいろな判断や意味づけを行って行動する。こういう脳の働きをしているのが現生人類だと思います。

では、生物学的に「われわれは何のために存在するのか」といえば、その最大の目的は、生き延びて自分の子孫を残すということでしょう。〝それが本能だ〟と思う方もいらっしゃるかもしれません。しかし、それだけが存在理由だとすれば、何ゆえ「人間圏」をつくったのか、その理由が見えなくなるでしょう。

というのは、単に「生き延びる」というサバイバルの問題だけであれば、「人間圏」などつくらずに「生物圏」にいたほうが安定して長く生き延びられるからです。「生物圏」にいたときのヒトには、六〇〇〜七〇〇万年の「歴史」があります。その間、何度か絶滅の危機があったかもしれませんが、ともかく、それだけの間を「生き延び」てきたわけです。

ところが、農耕牧畜を開始して「人間圏」をつくってから、わずか一万年目にして人類は絶滅の危機に瀕しているわけでしょう。ですから、「人間圏をつくって生きるわれわれ」という観点からすれば、〝単に「生き延びる」ことがわれわれの課題ではない〟ということになります。

言語が明瞭に話せる——これは舌が自由に動かせるということであり、たとえばネアンデルタール人とわれわれ現生人類が異なる特徴です。それがどのようなことを結果したかというと、ほかの人に、目の前で起こっていないことを伝えることができるようになりました。自分が体験してきたことを、相手に伝えることができるようになる。そして、こういう能力が積み重なり、脳の神経細胞の接続の仕方が複雑になって、だんだん抽象的な思考能力がついてきたのでしょう。

目の前に起こっていないこと——それは過去のこともありますし、これから起こることの予見でもありうるわけですが、概念として抽象的思考ができるようになると、自分が経験しないことにもイメージが湧くようになってくる。

そして、あるイメージを抱けるのは自分だけではなくて、フェロウ・フィーリング＝「共感」といいますか、他の人も同じようにそのイメージを抱くことができる。「われ」のみならず、「われわれ」によって共有されるイメージ——私はこれを「共同幻想」と呼んでいますが、この共同幻想を抱く能力が「人間圏」をつくって生きるわれわれにとって非常に重要になってくるわけです。

農耕をはじめるためには、人々が集団として一つの地域に定住することが必要です。そこから都市が生まれてくるわけですが、共同体を維持していくのに、この共同幻想が必要となってきます。国家や宗教、貨幣などは、共同幻想の最たるものです。

共同幻想にはそうした集団生活を維持する創造性があるのですが、この目の前にないものを創造する能力は、「生物圏」のなかにいたヒトと違って、ときにわれわれに「おかしな」行動、「逆立ち」した行動をとらせることがあります。

たとえば、女性の下着を盗む、いわゆる「下着ドロ」が逮捕されると、その男の自宅から何百枚、何千枚という下着が発見されることが多い。生身の女性とのセックスではなく、その影といいますか、女性が身につけていた下着に異常に興奮する。ここには目の前にないものをイメージするという能力が働いているわけです。生身の女性ではなく、下着でないと興奮できないというのは、一種の倒錯であり、影のほうが実体よりもリアルに感じられる「逆立ち」した感覚でしょう。

たしかに「下着ドロ」は異常な行動ですが、男性がデパートで女性の下着売り場の近くを通るとき、なんとなく気恥ずかしく感じられるのは、目の前にないものをイメージするからでしょう。

オナニーという行為がありますが、男性の場合、目の前にない裸体やセックスしている場面を想像して射精するなどということは、他の動物にはないことです。
伊藤　他の動物においてはセックスと生殖は一体化しています。ヒトでも性欲が強い個体が子孫を増やすことになるので、その結果、現生人類も強い性欲をもつにいたったのだと思います。そして、セックスを生殖行為としてのセックスと快楽のためのセックスに分けた。というよりは、ほとんどは快楽のためのものになった。これが現在の「人間圏」に特徴的なことだと思います。

ゲイやレズビアンには生殖という面はありませんが、世界的にも市民権をもちはじめているのは、生殖と快楽の分離がとくに奇異なものでなくなったことに関係すると思います。米国では同姓婚の可否について議論されており、大統領選の争点の一つにさえなっています。これも、結婚は男女の結びつきであるという「共同幻想」が壊れるかどうかということでしょうか。私は同姓婚でも認めてよいように思いますが、少子化には悪影響をおよぼすでしょう。
松井　現実のセックスではなく、想像のセックスでなくては感じないという現象は、こうした抽象的なイメージができる現生人類の能力によるもので、「人間圏」の本質と密接

にかかわってきます。

伊藤　その点でもう二〇年近く前に、試験管ベビーに警鐘を鳴らしていたのが、斎藤隆雄氏です。斎藤氏は、「試験管ベビーという言葉から連想する『誤った』イメージは、人工子宮の開発と実用化である」と述べています（『試験管ベビーを考える』岩波書店、一九八五年）。

生殖と快楽のセックスを分けることの未来は、卵巣が卵子を、精巣が精子をつくる以外には、性器は擬似生殖行為としてのセックスの道具になることでしょう。哺乳類の「進化」度が高いほど、そして人類のなかでは文明開化が進むほど、「お産」という行為の負担は高くなってきています。したがって、快楽としてのセックスが享受されるその延長上には、人工子宮の出現があると思います。将来的には、必ず開発されるでしょう。すると、借り腹の問題は解消しますが……。

松井　われわれが共同体において価値としているもの、それは宗教であったり、貨幣であったりするわけですが、それは共同幻想にすぎない。もちろん、〝共同幻想だからどうでもいい〟といっているのではありません。それは共同体の成員を結びつける大切な要素で、宗教がなければ倫理は生まれなかったでしょうし、貨幣がなければ日常生活が円滑にならないでしょう。しかし、それらは所詮、幻想にすぎないわけで、絶対的なものでも、確固とした実体があるわけでもないんです。

たとえば、近代社会の根幹をなす、ジャン-ジャック・ルソー[*23]の『社会契約論』というのがあります。「人は生まれながらにして自由である」という。これが「自然状態」であり、彼は「自然へ帰れ」というわけですが、この根底には天賦人権論があって、「天」（神）が諸個人に人権をあたえており、人間は平等だから封建的な身分差別はいけない、ということでしょう。

しかし、「天」が諸個人に人権をあたえたかどうかは、歴史的に実証できないもので、フィクションにすぎない。近代市民社会の正当性となっている天賦人権論や社会契約論はフィクション、すなわち私の言葉でいえば共同幻想なのです。それは政治思想史の常識でしょう。

つまり、ルイ王朝を否定するときには、歴史の外にフィクションを策定して、現実の王朝を否定した。それをフランスの民衆が支持したので、グランド・レボリューション（フランス大革命）が起こった——こういうことなのだと思います。

近代国家・近代市民社会は、共同幻想の産物であり、それを大衆が支持することによ

＊**23**・1712-1778。フランスの作家、啓蒙思想家。民主主義理論を唱えてフランス革命の思想的背景を形成するとともに、自由教育主義、ロマン主義などの先駆者となった。著書に『人間不平等起源論』『社会契約論』『エミール』など。

って成り立っていると思います。ですから、究極の真理や絶対的な価値というものはない。ないんだけれども、ある程度それが長く存続すると、逆に共同幻想が「人間圏」を規定しはじめる。

たとえば、「愛国心」。これには二つあって、一つは脳のなかで内部モデルとして思い描くものであり、もう一つはわれわれが生まれ育ち、具体的に感じ体験する風土や歴史に根差すものです。前者は、抽象的な意味での日本という国家であり、〝日本国民であるならば、かくあるべし〟という硬直した話になってくる。一方、後者は、寿司がうまいとか、高温多湿だから日本人は風呂に入るとか、日本語の響きを美しく感じるなど、現実に風土として体験して育ち、それが好きか嫌いかという話です。ことさらに、〝どれが正しい〟という問題ではなく、われわれ日本人が、日本に対してごく普通に抱く感情です。

このように「愛国心」にも二つあると思うんですが、これが区別されずにゴチャゴチャになって議論されるから、「愛国心をもて」とか、「いや、愛国心は強制されるべきではない」というように、永遠に解決のつかないような果てしない議論になっていく。

民族・国家・宗教など、二〇世紀まで絶対的な価値として信じられ、共同体をつくり、そして共同体を規制してきたものは、所詮は共同幻想にすぎない。〝高邁に語ってきたものも、頭で思い描く幻想なんだ〟と相対化してみる必要があります。戦争は、国家間、民族間で、共同幻想を絶対的な価値として考えるところから起こるのではないでしょうか。

伊藤　サミュエル・ハンチントン[*24]が『文明の衝突』でイスラム教とキリスト教の対立を指摘しているように、今後、宗教的な対立が激化していく可能性があるわけですが、人類の最大の共同幻想はやはり宗教ということになるのでしょうか。

松井　宗教も大いなる共同幻想ですが、私が二〇世紀の「人間圏」のなかで、根強い信仰として人々の思考を規定しているのは、宗教以上に「右肩上がり」という考え方ではないかと思います。二〇世紀までの「人間圏」は一貫して拡大の道をたどってきたので、それが常態のように錯覚してしまう。

前にもいいましたが、地球の人口は、二〇世紀初頭には一五億人ぐらいだったのに、いまは六〇億人を突破しています。一〇〇年間で四倍。この勢いで今後も人口が増加できるかというと、地球システムには限りがありますから、そうはいかない。人口のみならず、生産を含めて「右肩上がり」が永続するという考え方は、共同幻想としてとらえてみる必要があるのではないでしょうか。

＊**24**・米国の政治学者。ポスト冷戦の世界では、イデオロギーにかわって異なる文明の衝突が主たる紛争の原因になる、と主張した。とくに西欧文明とイスラム文明の対立の激化を予見し、冷戦後も世界を二項対立の原理でとらえようとする米国の政治思潮の危うさを指摘した。

第3章　前立腺がんの話

――待たれるＰＳＡ検査の普及

日本で急増している前立腺がん

松井　最近、天皇陛下の前立腺がんについて、以前手術されたところにがん細胞が残っていたという報道がなされました。それで、前立腺がんといえば伊藤先生がご専門なので、ぜひ、前立腺がんについてお聞きしたいと思っていました。さきほど、食べ物の話で思ったのですが、食生活や風土と前立腺がんは何か関係があるのですか。

伊藤　ええ。かなり関係がありますね。世界各国を比較しますと、前立腺がんはアジア諸国では発生率が低いのです。私が泌尿器科医になった四〇年ほど前は、前立腺がんの患者は珍しかったのです。

ところが、日本ではグングンと上昇して、一九九七年の段階で五〇年前の一六倍になりました。現在は男性のがん死亡の部位別で八位前後ですが、今後十数年で胃がんや肺がんを抜いて、前立腺がんが死亡率のトップになるかもしれません。

その背景の一つとして、前立腺がんは高齢者の病気ですから、日本が長寿大国になったことがあります。もう一つの大きな原因は食生活の変化です。その変化を一口にいうと、脂肪（動物性食品）の過剰摂取と野菜（とくに緑黄色野菜）の不足です。

前立腺がんの予防には、かつての日本食、たとえば野菜や青魚などが有効とされています。とくに大豆は効果があります。なぜかというと、大豆には女性ホルモン様作用をもつイソフラボンが含まれているからです。

イソフラボンの一種であるジェニステインという物質は、チロシンキナーゼの作用を抑制するので、前立腺細胞や前立腺がん細胞の増殖を抑えます。前立腺がんに限らず、ジェニステインは、血管の新生を抑制するので、ほかのがんの成長や浸潤も抑えます。ですから、日本食の豆腐やみそ汁は、とてもがん予防にいいのです。

それから、トマトに多く含まれるカロチンの一種であるリコペンも、抗酸化作用があり、がんの発生を抑制します。ビタミンは熱を加えると壊れますが、リコペンは生でなくても大丈夫で、料理によってかえって増えるのです。週二回以上トマト料理を食べることで、前立腺がんの発生率が下がるという報告もあります。

緑茶も抗酸化作用をもちますが、最近、緑茶の成分に前立腺がん細胞の発育を抑える作用があることがわかってきました。

驚異的マーカー・PSA

松井 前立腺がんかどうかを調べるもっともよい方法は何ですか。

伊藤　血液検査をすれば、ほとんどの場合わかりますよ。

松井　胃がんの検査のときも血液検査をしますが、同時に、他の検査、たとえば前立腺がんの検査も一緒にやることはできないのでしょうか。

伊藤　本当は一緒にやればいいのですが、現在はそういうシステムになっていません。別に前立腺がんの検査（PSA検査）[*25]をしなければなりません。

松井　それにはもちろんお金がかかるわけですよね。

伊藤　そうです。

松井　具体的に、どれくらいかかるんですか。

伊藤　二千円程度です。

松井　そんなものなんですか。胃がんの検診もそれぐらいです。もっと自治体や職場などが、PSA検診をするように、地域住民や被雇用者に働きかけていいんじゃないでしょうか。

伊藤　おっしゃるとおりです。ただ、これには検診それ自体にかかる費用だけではなくて、検診後の前立腺がん治療に対する医療費の自治体負担の問題が関係してきます。

PSA検査は群を抜いた検査方法で、従来の直腸診という前立腺がんの検診方法をは

＊25・PSA（前立腺特異抗原）は、前立腺上皮から分泌されるタンパク分解酵素。正常であれば精液中に分泌されるが、前立腺に異常（前立腺がんなど）が生じると血液中に漏れ出し、PSAの血中濃度が上昇する。

るかにしのぐのはもちろん、ほかのがん、肺がんや胃がん、乳がんなどの発見率に比べると、ケタ違いの頻度でがんを発見します。自治体では、そんなに多くのがんが発見されると、患者がたくさん病院に押し寄せて医療費負担が増大するから、ＰＳＡ検査の導入に及び腰になるという図式があるんです。

松井　発見率の差はどれぐらいですか。

伊藤　千葉大学泌尿器科と千葉県南部の安房医師会が共同で行った検診のデータによりますと(一九九九年度)、前立腺がんの発見率は、検診者全体の一・二パーセントでした。

同地区におけるその他のがんの発見率は、胃がんが〇・一五パーセント、肺がんが〇・〇五パーセント、乳がんが〇・一一パーセント、大腸がんが〇・〇二パーセントでした。胃がんや乳がんと比べると一ケタ違い、肺がんや大腸がんと比べると二ケタ違います。およそ一〇〜一〇〇倍違う。ＰＳＡはそれぐらい高精度の腫瘍マーカー検査です。

長い目で見た医療行政を

松井　発見率からいえば、率の低い胃がんの検診はやっても、率の高い前立腺がんの検診はやらないというのは、おかしな話ですね。

伊藤　たしかに、いまはそうですね。「いまは」という意味は、かつては前立腺がんと比べると、胃がんのほうが圧倒的に多かったので、胃がんの検診をさかんに行うようになったのです。そのときの認識のままなのが問題なのです。現在は、胃がんは減る傾向にあります。

松井　その減少の理由は何でしょうか。

伊藤　やはり食べ物の事情がよくなったからです。胃がんが多かったのは冷蔵庫がない時代で、食品が腐りやすかった。そのため保存が重視され、塩気の多いものが食されていました。塩分の多い食品をとりつづけると、胃がんになりやすいのです。

それから、栄養価の低いものも胃がんにはよくないらしく、かつての食品は栄養価が低かったので、それも胃がんの多さに影響しているということです。現在では、部位別の死亡率では、肺がんが胃がんを上回ってもっとも多く、以下、胃がん、肝臓がん、大腸がんという順番です。肝臓がん、大腸がんも増加傾向にありますが、これらのがんを上回る勢いで急増しているのが前立腺がん、ということになります。

松井　それにしても、自治体は住民へのサービスをするのが本来の役割なのに、医療費がかかるから検査を推奨しないというのは、本末転倒でしょう。

伊藤　まったく同感です。自治体が恐れる、ＰＳＡ導入による医療費の増大ですが、実際にはどうなのか、シミュレーションした人がいます。

定期的なＰＳＡ検査は、基本的には前立腺がんの早期発見につながります。早期がんの場合、前立腺がんを全部摘出することが可能ですから、手術によって根治します。入院期間も比較的短くてすみます。

ところが、検査をせずに前立腺がんを放置していて、進行がんになった段階で発見されると、何年にもわたって治療しなければなりません。進行がんの基本的な療法は通常、薬によってがんを抑えるホルモン療法になりますが、その薬代が高い。

治療回数にもよりますが、月割りに直すとざっと五〜一〇万円となります。それが数年から一〇年以上つづくことになります。仮に、五万円として五年間つづけると、五（万円）×一二（カ月）×五（年）＝三〇〇万円になります。大まかな試算としては、進行がんになってから発見された場合と、ＰＳＡで早期に発見された場合の治療費を比べると、早期発見のほうが八〇万円ほど安いという報告があります。したがって、実際には医療費という経済的な面から考えても、ＰＳＡを導入してもっと検診をアピールしたほうが自治体の負担は軽いはずなんです。お役所仕事というか、モノの見方が近視眼的なんですね。

松井　私が検診を受けるのは、大学病院か私が住んでいる自治体ということになります。この自治体は市民には評判がよくて、わりとていねいに検診してくれていると思うのですが、ＰＳＡ検診は入っていません。

伊藤　いまはまだＰＳＡ検診を取り入れる自治体は少数です。しかし、インターネットの普及や、さきほど話に出たように天皇陛下が前立腺がんになられたことから、市民レベルでの関心が高まっており、市民の側から自治体へ向けて、「なぜＰＳＡをやらないのか」という声が上がっています。お役所仕事は横並びですから、ある自治体がはじめると、それにならっていくでしょう。ですから、これからはＰＳＡを取り入れていくところが増えるんじゃないですか。

泌尿器科のイメージが変わった

松井　天皇陛下の前立腺がんもＰＳＡ検査でわかったのですか。

伊藤　そうです。それで新聞やテレビなどで、「陛下のＰＳＡの値が……」と何度も報道されたので、ＰＳＡが一般に知られるようになってきました。

それから、泌尿器科のイメージがだいぶ変わりました。泌尿器は尿を流す器官の総称で、泌尿器科では副腎、腎臓、尿管、膀胱、尿道、陰茎などの病気を扱っているのですが、同時に、男性生殖器としての精巣、精巣上体、精管、精嚢《せいのう》、そして前立腺の病気も取り扱っています。

かつては淋病や梅毒などの性病は、女遊びをする人がかかる病気で「花柳病」などといわれていました。それで、淋病を治療する泌尿器科も、昔は「花柳病科」と呼ばれていたことがあります。

実際、私の母の世代などはそういうイメージをもっていました。私が「医者になった」と報告したら喜んでくれたのですが、「それで何科の医者なんだい」と聞くので、「泌尿器科」というと、一瞬にして表情がくもりました。そのため、こちらも親不孝をしたような気持ちになったものです。しかし、今日では違ってきています。

なぜかというと、前立腺がんが増えてきたからです。前立腺がんは、男性であれば、高齢になると誰でもかかりうる病気で、しかも死につながる病です。そういう状況のなかで陛下が前立腺がんになられたので、さらに前立腺がんに対する関心が高まり、泌尿器科に対するイメージも改まってきたのです。まあ、泌尿器科はまだ歴史が浅いですから、イメージが定着するまで時間がかかるのでしょう。皮膚科から分離したのが数十年前、という施設が多いですから。

松井　それは意外ですね。泌尿器科は皮膚科から分かれたのですか。

伊藤　ええ。最初は皮膚泌尿器科だったんです。ドイツで修業された東京大学医学部の土肥慶藏先生が、皮膚泌尿器科をつくったのですが、やがて、アメリカを見習うようになって、分離しました。

松井　これだけ前立腺がんが増えると、泌尿器科の医師の数が不足してくるのではないですか。

伊藤　それはあるかもしれません。

松井　それから、泌尿器科専門の開業医もあまり見かけないように思えるのですが。

伊藤　そうですね。しかし、千葉大学の泌尿器科でも、開業する人が結構出てきています。もちろん、他科と比べると少ないのですが、皆成功しているのでうれしく思っています。

手術の適応性とQOL

松井　PSA検査を受けるにはどうすればいいんですか。

伊藤　他のがん検診など、血液検査のときに「PSAもやってください」と頼めば、検査してくれるはずです。ただし、その費用は自己負担になりますが。

松井　PSA検査は、大学病院などでなく、一般の開業医でもやってもらえるのですか。

伊藤　ええ。外注でもできますので、どこでも可能です。米国の市民は、「常識」で、体重を知っているように、自分のPSA検査の値を知っています。

ちなみにPSAの値は、四・〇ナノグラム（ナノグラム＝一〇億分の一グラム）までが安全圏。四・一～一〇・〇ナノグラムが軽度上昇で、前立腺がんの疑いがあるグレーゾーンです。一〇・一～二〇・〇ナノグラムだと中程度上昇で、前立腺がんの場合が多い。そして二〇・一ナノグラム以上は高度上昇で、がんである場合がほとんどです。

ただ、PSAは前立腺肥大症の場合も上昇しますので、数値だけでは、それががんなのか肥大症なのか判別できません。そこで、直腸診と超音波検査を併用すれば、診断はよりたしかになります。

松井　とすると、定期検診の血液検査に、自動的にPSA検診を組み込むようにしたほうがいいですね。

伊藤　そのとおりだと思います。ただ、前立腺がんはいくつかの特徴があるので、注意が必要です。たとえば「高齢者に多い」こと、「がんの進行が比較的ゆっくりしている」ことなどです。米国では余命が一〇年未満の人への検診は勧められていません。この尺度を適用すれば、七五歳の日本人男性の平均余命は約一〇歳なので、七五歳以下の人のPSAを調べることになります。通常、このがんは進行が遅いので、がんが生命にかかわる前に天寿を全うすることになるからです。また、四九歳以下の年齢ではがんはほとんど発見されませんので、検診は五〇歳以上とするのが妥当です。

なお、最近、QOL（生活の質）の観点から、〞何でも早期に発見して手術をすればよい〟という考え方は見直されてきています。患者の人生に対する考え方、合併症、がんの悪性度・進行度などを総合的に考慮して判断すべきです。いずれにせよ、最終的には患者が決定するものです。

松井　つまり、前立腺がんが見つかっても、そのままでよいと望めば、治療しないということもありうるわけですか。

伊藤　そうです。とくに高齢者の場合ですね。平均余命が一〇歳以下、すなわち七五歳以上の方なら、手術などの根治治療は勧められません。しかし、日本では前立腺がんに限らず、高齢であっても治療をすることが多いように思えます。

たとえば、日本では八〇歳、九〇歳を過ぎていても人工透析をはじめることがありますが、英国では六五歳以上の場合には公費を使わないことになっています。〝医療資源を有効に使うべきだ〟という考え方です。

松井　なるほど、それは英国らしい合理的な考え方ですね。それで、仮にPSAで「クロ」、つまりがんが発見された場合、どこで手術するのがいいのですか。

伊藤　こういうことをいうと、お叱りを受けるかもしれないのですが、前立腺がんに限らず、手術は設備だけではなく、執刀医の経験や技術力が関係してきます。そのため、いわゆるビッグネームの大病院がいいとは限らないんです。

〝良医〟の条件

松井　前にもいいましたが、私は胃がんが見つかって手術をしました。幸い、手術がうまくいったので、ここで伊藤先生とお話できるのですが（笑）、私が手術をしたのは東京医科大学でした。これは、たまたま東京医科大学に知り合いの麻酔科の医師がいたからです。

最初は胃の調子が悪いので、〝胃の検査をしよう〟と思いました。このときは、がんがあるとは夢にも思いませんので、切迫感はそんなにありませんでした。〝内視鏡を飲むのはつらいな〟と思ったので、〝苦痛ができるだけ少ない内視鏡検査をできる医師はいないか〟と探していたんです。そうしたら、その麻酔科の医師が、「うちの内科に内視鏡の操作のうまい先生がいるよ」というので、検査してもらったら、胃カメラに胃潰瘍のようなものが映った。それを採取してみると、がんだということがわかりました。

それで、胃がんの手術も、同じく東京医科大学の外科の先生にお願いしました。なぜかというと、他の病院の執刀医の胃がん手術の症例は二〇〇例ほどなのに、その外科医はその当時で一〇〇〇例を超えていて、一ケタ違いました。〝これは、少ないより多いほうに限る〟と思って、東京医科大学で手術したのです。やはり、医師の経験のなかで、症例数は大切なのでしょう。

伊藤　はい。たしかに、ある程度までは症例をこなさないと、手術がスムースにいきませんから、症例数は大切です。しかし、症例数がすべてかというと、必ずしもそうではありません。

米国の制度にならって、厚生労働省が手術数の基準をつくり、〝この病気の場合で、年間何例以上こなしていない病院には、保険点数の七割しか払いません〟という規則をつくったんです。とにかく、〝たくさんやればいい〟ということなんですね。

すると、次のようなことも起こりうるのです。たとえば、前立腺がんには、いろいろな治療法がありますが、手術が最善ではないような症例にも手術を選択してしまう。つまり、〝数がすべてだ〟ということになると、少し無理な症例も含まれる可能性があるわけです。

それから、私も医学部の教授と大学病院の院長を務めたので、いいにくいことなのですが、「医学部教授」という肩書をもつ人が名医かというと、必ずしもそうではない。教授になるには、臨床経験よりも論文をたくさん発表することが必要ですから、臨床に弱い教授もいるのです。〝それではダメだ〟というので、最近では臨床を重視して、臨床に強い人を教授にする大学が出てきています。

松井 なるほど、聞いてみないとわからないものですね。そういえば、森前首相も前立腺がんでした。

伊藤 ええ。前立腺がんになった著名人は多いんですよ。たとえば日本では、ノーベル物理学賞を受賞した湯川秀樹さん、演歌の三波春夫さん、プロゴルファーの杉原輝雄さん、映画監督の深作欣二さん……。

松井　読売新聞社会長だった渡辺恒雄さんもそうでしたね。

伊藤　ああ、そうでした。それから海外だと、007シリーズのジェームズ・ボンド役のロジャー・ムーア、カンボジア国王のシアヌーク殿下、元フランス大統領のミッテラン、イランの故ホメイニ師、前イタリア首相のベルルスコーニ、ヨルダン国王のフセイン、実業家のマイケル・ミルケン、コメディアンのジェリー・ルイス。最近では、映画俳優のロバート・デ・ニーロも前立腺がんでした。

松井　ほう。結構たくさんいるんですね。

伊藤　そうなんですよ。どうも著名な人に前立腺がんは多いようです。ですから、松井先生は危ない（笑）。

松井　いや、そういう伊藤先生こそどうなんですか（笑）。

伊藤　私は最近検診を受けて、大丈夫だということがわかりました。医者としてはまずいのですが、検診を受けるのがこわいので、先延ばしにしていたのです（笑）。でも、教え子たちに「先生もPSAを受けないとダメですよ」といわれて、半ば強制的に検診を受けさせられたのです。結果は「シロ」でした（笑）。たしか、ＰＳＡの値は一・七ナノグラムで安全圏でした。

松井　お話を聞いているうちに、だんだん私も心配になってきました。ともかく、ＰＳＡ検査を受けてみたいと思いますので、もし何か異状が発見されたら、そのときは伊藤先生にご相談します。よろしくお願いします（笑）。

第4章　学生運動の季節に

——自己形成にかかわる経験と風土

安田講堂攻防戦

伊藤　ところで、まったく話題は変わりますが、先生が東京大学の大学院におられたころは、ちょうど大学紛争の時期ではなかったでしょうか

松井　ああ、そうでした。あの当時、学生運動を指導していたのは、医学部の今井澄や理学部の山本義隆など理工系の学生で、私も学生運動に参加しました。

運動に加わる何か特別な動機があったわけではないのですが、当時のキャンパスはいまでは想像できないような熱気で、「学問とは何か」と学問の存在意義を問うような雰囲気で、むしろ運動に参加しないのが後ろめたいような感じでしたね。それで、いちおうはやりましたよ。まあ、「全共闘」世代ということになるでしょう。

伊藤　やはりそうでしたか。先生の世代であれば、一九六九年の安田講堂攻防戦ですよね。先生のお話に体制への批判が感じられるところがあったので、「もしかすると」と思っていたのですが。

松井　うーん。学生運動をやっていたから体制に批判的、ということはないんですけれども。ただ、「反権力」という旗印だけは明瞭で、観念論的にいろいろなことを考えていました。とにかく、機動隊の青いヘルメットを見ると、生理的な嫌悪感を覚えるという

感じでした。

まず安田講堂の前年、六八年一月には長崎県佐世保でエンタープライズ闘争がありました。米国のエンタープライズ（＝原子力空母）の入港に反対する闘争で、「エンタープライズ」を略して「エンプラ帰れ！」と叫ぶ学生・市民と、機動隊が激しく衝突しました。同じく、この一月に東京大学医学部の学生たちが、インターン制度にかわる登録医制度に反対して、無期限ストに突入した。

三月には卒業式ですが、式が予定されていた安田講堂を全共闘が封鎖して、全学部の卒業式をさせなかった。そこで、各学部ごとに卒業証書を手渡したんです。その封鎖のまま夏休みに突入し、ほかの建物、医学部本館や研究棟も封鎖して、後期授業がはじまってからも建物を占拠しつづけ、全学ストに突入して、六八年末まで行きました。

年が明けると、一月には入試が待ってますから、大学としては何とか学生を排除したい。しかし、学生は建物を明け渡さない。それで、一月一七日、東大総長代行が入試のために機動隊の出動を要請して、一八日早朝から機動隊がキャンパスに突入した。八五〇〇人という大部隊でした。

その翌日が最後の拠点・安田講堂攻防戦です。放水に対して、学生のほうも投石や火炎瓶などで抵抗したのですが、二日間で学生の逮捕者六五〇人を出して安田講堂は「落城」しました。しかし、結局は入試も中止になりました。

伊藤　あれは激しかったですね。催涙弾が使われて。そういえば、「落城」寸前に安田講堂からの「時計台放送」があって、「われわれの闘いは決して終らない。われわれにかわって闘う同志の諸君がふたたび安田講堂から放送を行う日まで、放送を中止する」というメッセージを送ったのですが、なかなか同志は現れないようですね。

松井　まあ、そうでしょう。学生運動も共同幻想でしたから（笑）。

何年か前の東京大学の五月祭で、全共闘の二五周年を記念したシンポジウムがありました。学生から「当時、運動にかかわっていた職員にもパネラーとして出てほしい」という要請があったのですが、誰も出ない。それで仕方なく、私がパネラーとして出席したのですが、傍聴席のほうにかつて運動をしていた連中が何人かいて、「おまえは転向した」と批判されました。

たしかに、当時は「大学解体」というスローガンで運動していて、私は運動が終わって大学の教員になったわけですから、「転向」といえばそういえるでしょう。あのころの定義でいえば、「体制」の側に取り込まれた「御用学者」ということになると思います。

しかし、私は「ソビエトも崩壊して、冷戦が終わったのに、二五年前の昔と同じ主張をしているあなたたちのほうがおかしい」と反論したんです。思考が凍結しているというか……。向こうは、「東大の教授は、昔もいまも同じだ」といってましたけれども(笑)。

私は当時もいまも東京在住ですが、当時、自宅から大学に通っていたのではなくて、三鷹寮にいました。そのなかに、安田講堂にこもって逮捕され、実刑判決を受けた全共闘の猛者《もさ》たちがいて、全共闘を語る会のようなものをつくっているんです。それで、私も何回か呼ばれて行ったことがあるんですが、彼らにとって、学生運動は青春であり、「なつかしい」季節なんですね。そのうち、「私は君たちの郷愁につきあってはいられない」といって遠ざかりました。

いまでも、彼らは肩を組んでインターナショナルを歌うような雰囲気があります。何人か集まると、当時の雰囲気に戻ってしまうんですね。そして、社会から取り残されていることに気づかない。時代から離れて浮き上がってしまって、〝革命がどうの〟といっても説得力はないように思います。

国会議事堂事件

松井　ところで、伊藤先生は学生のころ、どうされていたのですか。

伊藤　実は、私も学生運動をやっていました。といっても、私は松井先生よりも前の世代で、全共闘ではなく全学連です。一九六〇年の安保闘争世代になります。

学生運動を経験した人たちの現在の姿を見ていて、〝面白いな〟と感じたのは、ある大学の全共闘を取り仕切っていたナンバーワンの人は、運動が終わると転身した。ところが、その下にいた人たちは、いまだにその当時の気分から抜け切れないでいるんです。実は、私もそうで、〝時代に取り残されているダメなグループじゃないか〟と思うことがよくあります。ついつい反体制側というか、弱いほう、勝ち目のないほうの味方をしてしまう（笑）。

松井　大学病院院長までいった人がダメだということはないと思いますよ（笑）。それで、安保闘争のころは、やはり国会議事堂へデモをしたのですか。

伊藤　ええ、よく行きましたよ。日米安保条約は六〇年六月一九日に自然承認になったのですが、その一カ月ほど前から、デモ隊が国会を取り巻くようになっていました。とくに五月一九日に自民党が強行採決をしてから、デモがいちだんと激しくなったように思います。

「安保反対・岸首相退陣」を求めるデモ隊が十数万人ぐらいで国会を取り囲んでシュプレヒコールをあげると、岸首相は「神宮球場では野球をやっている。そこにはデモ隊に参加しない国民がいる。デモ隊は声ある声で、日米安保に対して、声なき声に耳を傾ける必要がある」といった。デモ隊は国民のなかの少数派で、デモに参加していない国民＝声なき声のほうが多数派で、安保を支持しているのだという。

そのうち、労働組合などが参加するようになり、全国で六〇〇万人ぐらいの安保反対運動の波となった。そして、米国のアイゼンハワーの秘書・ハガチーが大統領の訪日の打ち合わせに羽田にきたとき、全学連（反主流派）や労働者に囲まれて、身動きがとれなくなり、最後は米国の海兵隊のヘリコプターで脱出するという事件があり、安保反対運動が盛り上がってきた。

そのなかで起こった悲劇が、六月一五日の樺美智子さんの死亡事件です。この日は、「維新行動隊」という右翼の殴り込みがあり、新劇人などに重軽傷者が出て、殺伐としていたのですが、夕方ごろから、私たちは国会の南通用門から構内に突入しました。

そのとき、警官隊と衝突して、樺さんが死んだのです。警察の言い分は、たくさん学生がなだれ込んだので、将棋倒しになって、樺さんが圧迫死したというものでした。

しかし、私は樺さんが死んだときに近くにいたのでわかるのですが、デモ隊のなかで将棋倒しになり、折り重なったのは目撃していません。したがって、樺さんの死因は、やはり警官隊ともみ合うなかで起こったものだと思っています。

私は千葉大学の医学部卒業なんですが、実は、この六〇年安保の前年までは東大生でした。本郷キャンパスではなく駒場のほうで、教養学部の理科Ⅲ類だったのです。あまり勉強せず、授業にも出席せず、学生運動やあまり実りのないことばかりやっていたので、成績が悪くなってしまった。

当時、ＸＹＺという評価があって、これはいまでいう出席率を加味した成績です。Ｘに入っていれば、医学部への進級試験結果が悪くても医学部へ行ける。Ｙは試験結果によっては、進級できない。Ｚはほとんど望みがないということですが、私はＺでした（笑）。進級試験結果も悪かったので、東京大学医学部に行けず、千葉大学の医学部へ編入したのです。

さきほど名前が挙がった今井澄は、東京大学で私と同期なんですよ。五八年入学で、学年が一緒でよく知ってました。彼は勉強ができたので、医学部に進級したのですが、

「安田講堂防衛隊長」として、安田講堂に籠城しましたね。

事件後は長野県で地域医療をやっていたのですが、やがて九二年に当時の社会党から出馬して、代議士になりました。医学部出身ですから、医療・福祉の知識は抜群で、厚生省（当時）を批判していて、議員として将来を期待されていましたが、胃がんで亡くなってしまいました。現在でも駒場のときのクラス会をやっていますが、〝今井が生きていれば、民主党も躍進したことだし、総理になっていたかもしれない〟などと残念に思うことがあります。

発想点としての日本という風土

松井　何かあのころを思い出しますね。いま先生とお話ししているこの場所（松本楼）からも、安田講堂が見えますが、当時の闘争といまを比べると、やはり隔世の感がありますね。

伊藤　あのころも、先生は理学書を読まれていたのですか。

松井　いや、あのころの私の愛読書は、意外かもしれませんが人文系で、たとえば、岩波書店の『思想』をよく読んでいました。書いてある中身はわからないんですが、小脇にかかえてキャンパスを歩くのがカッコイイと思ってました（笑）。私だけではなくて、まわりもそういう学生が多かったように思います。

伊藤　松井先生でも、「わからない」んですか。

松井　まあそうです。書いてある字面の意味はわかりますが、哲学というのは深いですからね。本当に理解していたかどうか……。むしろ「むずかしそうでいい」ということで、背伸びしてもっていたという感じではないですか。

伊藤　今日のお話は、デカルトからはじまり、また先生の著作には哲学的な思索が感じられるので、そうした思想がどこからきたのかなと考えていたのです。

松井　哲学の意味、たとえば、デカルトのいっていることの意味が本当にわかってきたのは、いま自分がやっている専門をつきつめて、「知」の最前線に出たときです。自分の専門分野を突き抜けると、他の分野の頂点的な部分、先端の意味がわかるようになった。

そして、各界の専門家と話をして、〝どの分野でも最先端にくると同じなんだな〟と感じました。自然科学では、ノーベル賞の利根川さんや福井さん、人文では梅原猛さんや中村雄二郎さん、産業界ならソニーの出井伸之さん。一線にいる人は、分野は違っても、同じコスモポリスというか、同じようなレベルでモノを考えていると感じましたね。

それで、この前出した本（『宇宙人としての生き方』岩波新書）では、文理融合、学の総合ということを考え、近代自然科学の基本的認識論である二元論と要素還元論を超える、新しい方法論の樹立を試みたんです。

伊藤　なるほど。それにしても、学生のころ『思想』など哲学系のものを読んでいたということは、先生の自我形成に大きな影響をあたえたことでしょう。

松井　それは、もちろんです。いまは自然科学系の分野にいますが、大学に入るときには、〝文系へ行こうか理系へ行こうか〟と迷いましたからね。もともと文学や歴史、哲学が好きで、「一生思索できる人生が送れたらいいな」と考えていました。

ただ、文系は図書館や本に囲まれるようなイメージがあったので、「一生本だけを読んでいるのはつらいだろう」ということで、物理のほうへ行ったのです。本当は一生、学生のままでいたかったのですが、それではメシが食えませんから、大学に残って学者になったという経緯があります。

伊藤　それは意外でした。先生は、ずっと理工系一筋でこられたと思っていましたので。

松井　いや、私も人間ですから、いろいろ迷うことはありますよ（笑）。そういえば、一度、ドイツのマックスプランク研究所から招かれたことがあります。あのときは、ドイツへ行こうかどうしようか、本気で迷いましたね。米国からも何度か招聘の話があったのですが、それにはまったく迷いませんでした。

しかし、ドイツはウエットな雰囲気で、いまいったような哲学や歴史が好きだった自分の気分に合うところがあって、とても居心地がよかったんです。風土が合うというか。それで三年間、夏の間、家族を連れて暮らしたことがあります。定住するとなれば、私だけではなく、家族の相性も大切ですからね。

そして、そうとう悩んだ末に、やはり、日本に残ることに決めました。それは一つには、私が学問的な思索をする「発想点」として、〝日本という風土が必要だ〟と感じたことがあります。また、子どもが幼かったものですから、「このままドイツに移住すれば、日本人ではなく、ドイツ人になるな」と考えると、日本の良さを知っているだけに、その点でも踏ん切りがつかなかったですね。

伊藤　それも意外です。宇宙の視点から地球をとらえていると、トランスナショナルというか、国境や民族を意識しないでおられるのだろうと思ってました。

松井　そんなことはないですよ。生身の人間としては、やはり生まれ育った風土に愛着があります。それは、風景だったり、美意識だったり、食べ物だったり……。

食べ物も、日本にとどまらせた理由の一つです。マックスプランク研究所は一カ所ではなく、ドイツ各地、かつての西ドイツの都市にたくさんあるんです。私が招かれたのは、そのなかのマインツにある研究所でした。マインツはラインラント・ファルツ州の州都で、ライン川とマイン川の合流点に位置しています。神聖ローマ帝国の拠点でもあり、マインツ大聖堂があります。これは、東西二基の交差部塔というロマネスク建築としては代表的な建物です。

それから、一五世紀の半ば、ルネサンス時代に、世界史の教科書なら必ず載っている、グーテンベルクの活字印刷発明でも有名で、グーテンベルク博物館があります。そういう古くからある街ですから、街並みもきれいで、歴史を感じさせますし、とても気に入ってたんですが、食べ物がいま一つなんです。

私は日本食がないとダメなんですが、マインツには日本食のおいしい店がない。中華料理の店もなかったと思います。フランクフルトまで行けば、うまい日本食の店があるのですが、三〇キロくらいあるので、わざわざ食べに通うにはちょっと遠い。それで、〝これでは耐えられない〟と。

いまから考えると、迷った分だけ、マックスプランク側に思わせ振りというか、私が勤務した場合の条件などを整えさせてしまったので、申し訳なかったと思います。

終章　「人間圏」の未来

――「所有」と「所持」の選択

巨大隕石と恐竜

伊藤 先日、幕張メッセで開催中の「驚異の大恐竜博」に行った際、「祇園精舎の鐘のこえ、諸行無常のひびきあり。沙羅双樹の花の色、盛者必衰のことわりをあらはす」という『平家物語』の出だしが頭に浮かんできました。なぜかよくわからないのですが、「恐竜」という言葉から「絶滅」という言葉が条件反射的に頭に浮かんだからかもしれません。

もちろん、恐竜は一億七千万年も栄えたので「春の夜の夢のごとし」という感じとはかけ離れていますが、ともかく、繁栄の極から突然に絶滅しました。松井先生の著書にあったように、ある企業のトップは恐竜の絶滅を巨大企業の倒産にダブらせて見ているとも聞きます。巨大なものは人を惹きつけるもので、今回の目玉の一つは全長約二七メートルのチュアンジエサウルスの復元骨格でした。

私は、この草食動物が食べた途方もなく大量の葉や草、これを提供した豊かな森林や草原が目に浮かんできました。ヒトは、食物と排泄物は恐竜よりはるかに少ないが、先ほどの先生のお話にあったように、数が膨大になりました。先進国の一人が快適な生活を行うために使用するエネルギーは、チュアンジエサウルス一頭と、さほど違わないでしょう。

　人間は小山に匹敵する高さのビルをつくり、音速を楽に超える飛行機をつくり、地球を破壊することができる原子爆弾までつくってしまいました。同時にたくさんの有害な物質や排気ガスを生み出しています。その結果、地球を守るオゾン層は薄くなってしまった。〝人間の存在が、隕石の衝突と同じような破壊的な影響を地球におよぼしている〟という先生のお考えを思い出しました。

　恐竜博を見ると、多くの人はその盛衰に深い思いを抱くでしょう。それが人類にも当てはまるかもしれないと気づくのは、当然のなりゆきだと思います。

松井　いまから約六五〇〇万年前に、恐竜をはじめとする生物の大半が死滅する事件が起きたわけですが、その原因として現在有力なのが、「隕石衝突説」です。

　巨大隕石が衝突した場所は、メキシコのユカタン半島とみられています。私は、比較惑星学で宇宙を研究している関係で、ユカタン半島の調査に何度も訪れています。衝突当時、ユカタン半島はまだ海面下にあり、海底だったのですが、そこに直径一〇キロメートルを超える巨大隕石が衝突しました。その爆風と火災、地震、津波によって地球システムが攪乱し、爆発と火災による塵が大気を覆い、二酸化炭素の温室効果で地球が温暖化した。これが一〇万年単位でつづき、恐竜その他、七〇パーセントの生物種が死滅したとされています。

ところで、かつて『ノストラダムスの大予言』というのがあり、大ブームになりました。その内容は、地球の外から「恐怖の大王」が降ってきて、人類が死滅するというものでした。その予言がはずれてわれわれは生きているのですが、ただし、隕石衝突の可能性はつねにあるのです。半年に一度くらいの割合で、直径七メートル程度のものは現実に地球に衝突しています。また、一千万年に一度の頻度で、直径七キロメートルの隕石衝突の可能性があるのも事実です。

こういう巨大な隕石がぶつかると恐竜や人類は死滅しますが、地球システムはビクともしない。一方、地球システムが影響を受けるような変動があれば、人類は死滅します。ですから、人類は地球システムに依存して生きているということを忘れてはいけません。

先ほどの伊藤先生のお言葉のなかに、〝恐竜なみのエネルギー消費量〟ということがありましたが、それは、そうした謙虚さを忘れた人間の「欲望」の増大、無限なまでの拡大によるものだ、というのが私の考えです。

伊藤　思想史でいうと、欲望の解放が近代ですね。その欲望を思うがままに自由に発現すると他者と対立する。それがいわゆるホッブスの[26]「万人の万人に対する闘争状態」でしょう。つまり、他人と同じものをイメージできる「共同幻想」は、共同体《コモンウエルス》をつくるものであると同時に、それを破壊しうるものでもある。共同に幻想を抱きうるということは、各人が平等にそうした能力があるという、一種の平等観が前提となっているはずです。

ホッブスによれば、「能力の平等から、われわれの目標達成についての、希望の平等性が生ずる。そしてそれゆえに、だれか二人がおなじものごとを意欲し、しかしながら双方がともにそれを享受することは、不可能だと悟ったとき、かれらは敵となり、互いに相手をほろぼし、屈服させようとする」。つまり、平等の能力をもつことは、不信を生む。そしてこの相互の不信から自己を守るには、先手を打つことであり、先手の打ち合いによって闘争状態が起こる——というわけです。ホッブスの人間像は、ホモジニアス＝「均質」なもので、能力も「平等」です。

平等な共同幻想の能力は、共同体を解体する方向にも向かいます。したがって、人間の抽象能力による共同体は、「理性」や倫理によって、欲望の無限な発動を規制することにより維持されることになります。

＊**26**・1588－1679。英国の哲学者。人間は、自然状態では万人の万人に対する闘いの状態にあり、契約によって国家をつくることでこれを脱却したとして、主権の絶対性と専制君主制を擁護した。主著に『リバイアサン』がある。

松井 おそらく、最初に倫理をつくり出したのは宗教でしょう。「快楽」というものを認めたら、際限なく「堕落」していく。「快楽」＝「堕落」ということで、欲望を抑制するストイシズムが発生したのでしょう。教会での音楽は、快楽を追求するものであってはならない。快楽は「悪」でした。

情報化社会の彼方に見える「人間圏」の崩壊

松井 現在は、商業主義がはびこっていますから、むしろ快楽を奨励する。欲望を駆り立てる。二一世紀は情報社会であり、インターネット全盛の「サイバーワールド」といわれています。地球という「リアルワールド」ではなくて、情報社会という「サイバーワールド」をつくり、そこでの「豊かさ」を享受しようとしているのが、二一世紀型の人類なのではないでしょうか。

実際には、絶対的な善や悪はなくて、倫理も共同幻想です。二〇世紀の価値、つまり人類愛や人権などは、そうした共同幻想のなかでつくりあげられてきたのです。そうした価値によって「平和」が追求されたり、ネーション・ステイツ・システム＝国民国家体系が維持されてきました。それは、何度もいいますが、絶対的に正しい真理だからではなくて、われわれが〝そのほうがいいだろう〟と選択した結果なのです。そうした共同幻想が破れたときに、「人間圏」も崩壊する可能性がある。

伊藤　インターネットは、直接、個人と個人を結びつける力をもっていますが、これは共同幻想を維持する方向に作用するのか、それとも崩壊する方向に作用するのか、いったいどちらでしょうか。

松井　一概にどちらとはいえないでしょうが、インターネットがもつ原理的な傾向として、次のようなことはあるでしょう。さきほど、ホッブスの描いている人間像は均質であるというお話がありましたが、インターネットの特色は情報の「拡散」でしょう。それが個々人のレベルで行われる。

情報科学論で「エントロピー増大の危険」が指摘されています。エントロピーというのは熱力学の概念で、それが増大することは、熱が拡散して熱平衡に向かうことを意味しています。したがって、情報におけるエントロピーの増大とは、「情報が拡散して、情報の質が落ちる」という事態を意味しています。情報の拡散とは、情報の均質化ですから、分化と逆の方向です。

私は、ビッグバン以来の長い歴史について、「歴史とは分化である」と考えています。

宇宙ははじめ、一点に向かって凝集していき、それとともに温度が上昇した。すべての物質が、基本的な構成粒子としてバラバラに分解したのがビッグバンであり、これは一点に向かっていたものが分化したものです。

地球に関していえば、地球の現在の固体部分は、かつてはドロドロのマグマの海だったわけです。それが、地殻とコアとマントルへ分化した。地球の形成は、「冷える」ことにあって、冷えることで、マグマが地殻、マントル、コアへと分化したのです。

エントロピーの増大による情報の劣化＝均質化は、こうした分化の歴史に反するものです。これまで国家や社会、民族などそれぞれの共同体のレベルで凝集してきたもの、構造化してきたものが、情報が拡散することによって、その求心性が失われ、バラバラに解体することが考えられます。つまり、インターネットによる情報化社会の彼方には、「人間圏」のビッグバン＝崩壊という危険性が透けて見えます。

伊藤　インターネットは「個性」をつくるものとして、小学校教育の現場などで使われるようになってきていますが……。

松井　「個性」？　しかし、これまでわれわれは、共同幻想によって、さまざまな共同体をつくってきました。そうすることで、われわれの世界は多様性をもってきたのです。

それが分化であり、歴史です。一方、「個」を主体とすることは、凝集していった共同体を壊す方向に向かう。ちょっと誤解があるとすれば、熱力学で均質化は「秩序」＝「安定」ではなくて、「無秩序」＝「不安定」に結びついています。逆に、「不均質」が「秩序」です。

伊藤 ああ、そうですね。ホッブスの「万人の万人に対する闘争状態」も、人間を均質な存在と見なすことによって描かれたものです。平等は必ずしも安定に作用するのではなく、ぶつかり合って不安定にするということもある。

日本的共同体の本質

伊藤 ところで、「日本人は自由意識よりも、平等意識が強い」といわれています。一方、国内の動乱のとき、徹底的に相手を殲滅《せんめつ》するような思想や行動を取らない。この点はどのように考えたらいいのでしょうか。日本人にも何らかの秩序意識があり、それが無制限の欲望の発動を抑えている……。

松井 それが秩序意識かどうかはよくわかりませんが、おっしゃるように擾乱《じょうらん》に対するフィードバックは非常に強く働きますね。たとえば明治維新のとき、維新政府と徳川幕府、あるいは東北列藩同盟が戦った。戊辰《ぼしん》戦争は個別領主＝藩制度をなくする戦いだったわけです。封建制から絶対王制が出現する場合、ヨーロッパであれば、薔薇《バラ》戦争[*27]のように、数十年の戦乱がつづいています。それが日本では一年ちょっとで終わった。その後、西南戦争で西郷隆盛が立ち上がったけれども、孤立してしまうでしょう。

伊藤　たしかにそうですね。日本人は全体に保守的ですが、それが何かの思想に基づいているというわけではない。そうではなくて、変化をあまり好まないところがあります。

ＮＨＫの『そのとき歴史が動いた』という番組がありますが、そのなかで、「なぜ日本人は徹底した変革を望まないのか」ということを取り上げたことがあります。この番組では、織田信長が暗殺されたことを、その理由として挙げていました。

信長は、比叡山焼き打ち、伊勢長島の一向一揆の弾圧、室町幕府の将軍・足利義昭の追放など、過去のあらゆる価値、宗教的価値を破壊して、新しい秩序をつくりだそうとした「革命児」だったわけです。しかし、その後の豊臣秀吉、徳川家康は以前の価値にわりと妥協的で、徹底した破壊・革新はしなかった。〝日本で本当の革新・革命が起きないのは、信長の二の舞を避けたためである〟とまとめていましたが、一理あるような気がします。

＊**27**・15世紀英国の王位争奪戦争、チューダー絶対王政の成立につながった

松井　日本はいわゆる「島国」で資源が限られており、そのうえ江戸時代は鎖国をしていました。したがって、「人間圏」の活動が大陸よりも制約されるという面があったでしょう。そうした制約のなかで、原理・原則に忠実に生きるのはむずかしいのではないでしょうか。そのため、革命が起きにくい。

伊藤　たとえば、ヨーロッパの場合、個人の政治的主張や宗教的思想が、ある国の体制と異なり、弾圧されそうになれば、「亡命」します。ところが、日本には「亡命」という発想がない。第二次世界大戦下の「軍国主義ファシズム」といわれる時期でも、反ファッショの知識人が海外に亡命することはまずありえなかった。これは、文明の生態論的にいうと、農耕民族だったことによるものでしょうか。

松井　ある秩序が崩壊すると、すぐに新しい秩序をつくりだすという点、あるいは、共同体が崩壊することに対する恐れのような感覚が強いという点で、日本人は非常に粘性が強い感じがします。日本人の農耕の中心は米作であり、それも陸稲ではなく水田です。この「水」を使った農耕は、一つの共同体、江戸時代でいえば「村」の一員であるという意識を強めます。

なぜかというと、「水」は村の共同管理で、水源の確保、水路の整備など、共同体の成員がまさしく共同で行うものです。たとえば、日照りで水が不足して、他の村と「水争い」になったときは、村民が総出で相手の村民と戦う。

メジャーリーグで、危険球で両チームが入り乱れて乱闘になりますね。そのとき、ベンチで傍観していると「アイツは何だ」ということで非難される。選手生命がかかっていますから、乱闘になると両軍のベンチは空っぽになる。同じように、一人の農民は、村という共同体があって、そのなかではじめて生きていけるわけです。「水争い」ともなれば、村の共同利益を守るために傍観はできません。

伊藤 百姓というと、刀狩りによって武器をもたない、無腰だというのが通説になっています。しかし、この「刀」は大刀を指していて、脇差は所持していた。また、狩りに使う鉄砲は所持していましたから、江戸時代の村にまるきり武器がなかったわけではない。そのことが最近の研究で明らかになってきているようですね。実際、百姓同士の争いでは、鉄砲、槍、長刀を携行していたという記録が残っているようです。

そうした武器を携行して、村と村が激しく戦う。これを「自力救済主義」というそうですが、その場合でも、相手を殲滅するという思想や行動はなくて、争いの「作法」というものがあり、受けた被害と同等の被害を相手の側に行使する相殺主義がとられていたようです。つまり、争いを一定の範囲内に収めようとする意識が働いていた。たとえば、加害者側から下手人を被害者側に引き渡す慣行があったそうです。そして、最後は「公」の機関に訴えて、訴訟によって問題を解決していたといいます。

法治国家というと、〝近代国家成立以降、欧米の法体系を取り入れるようになってからのもの〟と考えがちですが、日本の伝統のなかには、郷法や村の慣習法など成文化されていないルールがあり、そうした「縛り」によって共同体が成り立っていました。

松井　これまで、そうした慣習に基づく「縛り」は、封建的であるとか、前近代的であるとか、要するに日本の遅れとしてとらえられてきたわけです。しかし、共同体の維持という側面からすると、それはそれで「人間圏」を守る知恵といえるのです。個人主義という名のもとで、他人の迷惑を顧みない人間が増えてきた今日のほうが野蛮なような感じがしますが、どうでしょうか。

話は戻りますが、水田耕作によって、上部構造といいますか、人間の意識や行動が規制される例として、いま思いついたのは「たわけ」という言葉です。

これは漢字で書くと「戯け」で、「ふざけること」「馬鹿者」という意味ですが、その語源は「田分け」であったという説があります。稲作は家族総出で行いますが、一人っ子では労働力が足りないので、農家には何人も子どもが必要です。そのため、親が死んだり隠居するときに、財産の相続として息子たちすべてに田を分けていくと、田はだんだん小さくなってしまう。
田圃《たんぼ》というのは適正な規模が必要で、どんどん小さくなると耕作の維持ができなくなる。そこで、長男にのみ田を継承させる。それが長子相続制の根本にあるようです。ですから、「田分け」するのは家が没落する、農業が成り立たなくなる。したがって、「田分け」を主張するのは、「たわけもの」＝「馬鹿者」だという説があるのです。
日本の農業は、狭い国土に規定されており、面積当たりに投下する労働力を増やして生産をあげる集約農業になっています。そうした共同の労働による生産様式が、さらに共同体意識を強化してきたことはあるでしょうね。

伊藤 「姥《うば》捨て」も、狭い耕地面積によって、生産が限定されることによって起こる現象でしょうね。

松井 そうでしょう。これは日本だけではなく、生産力などの条件が同じであれば、どこでも起こりうる。「姥捨て」は、スウェーデンでも起こったことです。

「おばあさんの仮説」

伊藤　私は今年、千葉大学の教授を退官しまして、これからは小説でも書きたいなと思っているのですが、やはり長年、医療に携わってきたせいか、生と死、あるいは生命にかかわるものをテーマにしたい、と考えていました。それで、「姥捨て」は生と死、あるいは近年の高齢化社会を考える題材として、インパクトがあると考えていたのです。

松井　先生も小説を書くことに興味がおありですか。私がつきあっている範囲ですが、お医者さんで小説が書きたいという人は結構います。いや現に書いている人もいる。それから、私の専門である宇宙のことに興味がある人も多い。……宇宙というよりも〝星への興味〟といったほうがいいのかもしれませんが、ロマンチストが多いような気がします。

伊藤　そうですね。医療に携わっていると、生き死にの場に直面することがありますから、別の世界、たとえば、星を見て宇宙に憧れるようなところがありますね。

松井　これは私事ですが、このところ父が脳出血で入院したり、弟が死ぬなど、たいへんだったのです。医療の現場では、そういうことが日常的に起こるわけでしょう。私自身も胃がんの手術をしているのですが、〝そういう場面に立ち会う医者もたいへんだなあ〟と感じていました。

伊藤 われわれも、医師として職業として医療行為をやっているのですが、一生懸命治療しても治らなかったり、小さい子どもを残して親が死んでしまうなどの場面にでくわすと、世の無常のようなもの、耐えがたいものを感じますね。

松井 そうでしょう。つねに患者さんと接していると、情が移るでしょうからね。それが死んで、単なる肉体になってしまう場面に立ち会うのはたいへんでしょうし、それが何度もあるわけですから。それで、現実の世界とは違うフィクション＝小説を読んだり、書いたりしてみたくなるというのはよくわかりますね。

さきほどの「姥捨て」をテーマにした小説には、深沢七郎の『楢山節考』がありますよね。何年前でしたか、たしか今村昌平監督で映画にもなり、カンヌで話題になったはずです。

話の筋は、食糧の不足している村で、老齢になると楢山という山に捨てられる長い習慣があって、老女はその習慣を疑わず、楢山行きをぜんぜん嫌がらない。むしろ動揺するのは、その息子のほうで、いざ母親である老女を捨ててみると、悲嘆に暮れてしまい、雪が降っても下山しないで岩陰から老女の様子をうかがっている。老女はその息子に「帰れ」という——たしか、こんな感じだったと思いますが。

伊藤　そうでした。思い出しました。あの作品はかなり話題になりましたから。「姥捨て」は人口を減らすためですが、人口増加について、松井先生は「おばあさんの仮説」を唱えていらっしゃいましたね。

松井　あれは、ジャーナリズムによって有名になりました（笑）。ただし、非常に誤解されたかたちで。石原都知事の「ババア発言」としてマスコミに取り上げられたのです。雑誌『週刊女性』のインタビュー記事で、石原都知事が「文明がもたらしたもっとも悪しき有害なものはババアなんだそうだ。……男は八〇、九〇歳でも生殖能力があるけれど、女は閉経してしまったら子供を産む力はない。そんな人間が、きんさん、ぎんさんの年まで生きてるってのは、地球にとって非常に悪しき弊害だ」というように述べた。これに対して、都内に在住・在勤する女性たちが〝女性差別だ〟と提訴して裁判沙汰になりました。

伊藤　「ババア発言」は、松井先生と関係しているのですか。

松井　私は「ババア」なんていってませんよ（笑）。石原さんが、「これは松井孝典がいってるんだが……」といったんですが、私の説に対する誤解があります。それから、石原さんは文学者でもあるので、わかりやすいようにたとえ話をしたことが、かえって裏目に出てしまったのです。ただ、それ以上に報道の仕方が断片的で、「ババア発言」として取り上げられたために、スキャンダラスになった。私は「おばあさんの存在が有害だ」とはいっていないので、これも急いでつけ加えておきます（笑）。

伊藤 生物学的にいえば、生殖能力を失ったメスがその後長く生きないというのは、科学的な根拠のある「常識」ですよね。

松井 ええ。それは事実です。いつまでも生殖可能なオスが長く生きる例はたくさんありますが、生殖年齢を過ぎたメスが生き延びる例は現生人類以外にありません。私がいいたいのは、「おじいさんとおばあさんを比較して、どちらが長生きすべきか」などということではなくて、あくまでも、「なぜ、おばあさんが現生人類にのみ存在し、そのおばあさんが『人間圏』に果たした役割は何か」ということです。

伊藤 そのおばあさんが「人間圏」に果たした役割が人口増加でしたね。

松井 ええ。人類が狩猟採集中心の「生物圏」から農耕牧畜中心の「人間圏」をつくったのは、「生物圏」で養える人間の数が非常に限定されていたからだ、ということは前にお話ししました。何ゆえに一万年前に農耕牧畜がはじまったかというと、まず地球環境の変化が挙げられます。炭素同位体によってグリーンランドや南極の氷を調査した結果、最近四〇万年くらいの気候の変動がわかるようになりました。

伊藤　四〇年前ではなく、四〇万年前までが「最近」というのは面白いですね。

松井　地球は四六億年ほど前に誕生したと推定されていますから、そこを起点に考えると、四〇万年前なんてごくごく最近のエピソードで、〝ついさっきの出来事〟くらいの感じですね。そのなかで、人間の寿命も、瞼を瞬《またた》くよりも短い……。

それはともかく、四〇万年前からの気候変動を追っていくと、地球は氷期と間氷期をくり返していることがわかります。それをグラフにすると、ちょうど一万年前くらいから、気温は安定しているのです。その結果、春夏秋冬のサイクルが安定し、木の実などの採集も安定する。そこから、植物は春に芽を出して、秋に実がなることが理解できます。それが、種を蒔いて栽培しようという発想につながっていくわけです。これが、農耕による「人間圏」のはじまりの理由の一つでしょう。

それから、もう一つの理由が、地球という環境の側ではなくて、われわれの側の変化です。その変化の一つは、前にお話しした人類が言葉を自由に話せるようになったという「言語の仮説」です。そして、さらにもう一つが、おばあさんの存在＝「おばあさんの仮説」です。

生殖能力をなくしたメス＝「おばあさん」は、他の哺乳類に存在しないだけでなく、人類のなかでも現生人類にしかいないといわれています。

クロマニヨン人[*28]にはおばあさんの骨の化石が見つかることがありますが、ネアンデルタール人にはおばあさんの骨は見つかりません。つまり、おばあさんの存在は、現生人類が他のあらゆる哺乳類と異なるだけでなく、現生人類以前の他の人類とも異なる特徴である、といえるでしょう。これは意外に知られていません。

おばあさんが存在することによって、人類の家族、あるいは群れにどのような変化が生ずるかというと、一言でいえば、お産の「経験知」の伝授です。おばあさんは、お産の経験をしていますから、娘が妊娠したときにどうすればいいかわかっています。それが娘に伝わる。

現代でいうと、かつては産婆さんがいましたが、現在では産婦人科で出産するようになっています。それは、お産の専門家が近くにいたほうがスムーズですし、安心だからでしょう。

産婦人科とはレベルが違いますが、何も知らない人がお産をするのと、経験者がそば

＊**28**・旧石器時代末葉の化石人類で、現生人類（ホモサピエンス＝新人）と同一種。1868年、フランス南西部ドルドーニュ県で発見された。洞窟に多数の動物の彩色壁画を残した。

にいるのとでは、臍《へそ》の緒《お》の処理一つとっても、やはりお産の安全性は違うはずです。これが、おばあさんの存在意義の第一点です。

それから、おばあさんは出産したばかりの子どもの面倒をみます。おばあさんがいない場合、子どもが乳離れするまで、母親がずっと面倒をみることになります。そのため、母親が次の妊娠をすると、子育てと出産の準備でたいへんです。しかし、おばあさんが子どもの面倒をみてくれれば、そうしたことがない。つまり、おばあさんがいることによって、母親の出産から出産までの期間が短くなる。生殖年齢の期間を仮に一五年とすれば、五年に一回だと三人の増加ですが、三年に一回だと五人産めるようになります。つまり、おばあさんの出現によって、出産のサイクルが短くなり、人口が増加する。

「生物圏」においては、ある地域で生きていける資源には限りがありますから、増えた人口はその地域から移動しなければなりません。現生人類は、はじめアフリカにいたわけですが、そこでの人口が過密になってくると、アフリカ以外の土地へ移動した。これを「出アフリカ」と呼んでいます。「出アフリカ」がはじまったのが十数万年前、そしてその後、比較的短期間で、五～六万年前には世界中に現生人類がいるという状況になったのです。

人口の増加は、空間的に広がることによって解決できたうちはいいのです。しかし、世界中に広がってしまうと、もう出るところはありませんから、狩猟採集よりも多くの人口が養える農耕牧畜がはじまり、「生物圏」から独立した「人間圏」をつくることになってくるのです。

このように、人口増加と「人間圏」の誕生は密接に関係しています。その人口増加の大きな要因の一つはおばあさんの存在ですから、これを「人間圏」誕生の「おばあさんの仮説」と呼んでいるわけです。

伊藤 「おばあさんの仮説」は、現在日本が抱えている少子化を考えていくうえでも、たいへん参考になりますね。

さきほどの「田分け」の話ではないですが、私は群馬県の田舎で育ちました。戦前から戦後の一時期までそこで暮らしたのですが、農家はだいたい大家族でしたね。つまり、おばあさんがいた。もちろん、都市部では戦前からおばあさん、おじいさんがいない核家族化が進んでいたわけですが、日本全体が核家族化したのは高度成長期くらいからではないでしょうか。

松井 細かく分かれた核家族では、子育てはたいへんです。子どもがたくさん生まれる条件の一つは、おばあさんがいる大家族でしょう。

もちろん、核家族にも大家族にも一長一短あって、たとえば、かつて大家族で問題だったのは姑の嫁いびりであり、若い夫婦のプライバシーが守られないことなどもありました。

一方、核家族の場合、国内需要が倍以上になる。大家族のなかで共有していたもの、洗濯機、掃除機、冷蔵庫、テレビなどの家電製品が、核家族化すれば一家に一台必要となりますから。それと、戦後冷戦下の米国の世界戦略のなかで、日本はアジアの生産拠点とされた。これがうまく結びついて、奇跡といわれる高度成長が生まれたわけです。

このように、核家族と大家族にはメリット・デメリットがあるのですが、子育てに関していえば、おばあさんがいない核家族は負担が大きい。母親が働いているとすれば、子育てと仕事の負担で、かなりしんどくなる。

少子化は、この核家族化と地域社会崩壊が大きな原因でしょう。かつての日本には、地域＝ご近所があって、地域の大人が子どもを見ていましたが、そういう意味での地域＝共同体がなくなってしまいました。

伊藤　近年では、かつてのおばあさんや地域社会がやってきた役割を、延長保育、病児保育、学童保育というように、行政が肩代わりすることを求めているわけですね。

ユートピア型とアルカディア型

伊藤　さて、いろいろうかがっているうちに、時間が過ぎてしまいました。最後に、今後の「人間圏」のあり方について、どんな展望をおもちになられているのか、この点をうかがって、この対談をしめくくりたいと思います。

松井　それは私が決定することではなくて、われわれの総意として「選択」した結果、導き出されるものです。ただし、私個人としては、次のような見解をもっています。

以前に、「生物圏から独立した人間圏には二段階ある」といいました。フロー依存型とストック依存型です。フロー依存型は農耕牧畜がはじまって以来、一万年近い歴史があります。一方、ストック依存型は一九世紀半ばの産業革命以降、今日まで一世紀半程度の歴史しかありません。それくらい短い時間しかたっていないにもかかわらず、ストック依存型の文明には、環境問題・資源問題・食糧問題その他、すでに破滅の危機が忍び寄ってきています。

このことが示すように、地球システムに対して、フロー依存型は調和的で安定しており、一方、ストック依存型は調和せず不安定だということです。

それで、私はフロー依存型の「人間圏」を「アルカディア」型と呼び、ストック依存型を「ユートピア」型と呼んでいます。

ユートピア型についてはあまり説明を要しないと思います。一六世紀前半のトマス・モア[*29]の小説、すなわち架空の国を見聞し、共産主義・男女平等・宗教上の寛容などが実現した『ユートピア』から転じたもので、未来の理想郷を指しています。これは、「右肩上がり」の共同幻想に支えられています。われわれの欲望が解放され、「人間圏」を拡大していく。

もちろん、すでに述べたように、地球システムのなかでのモノやエネルギー利用に規定されて、この「右肩上がり」は限界にきています。さらに「人間圏」を拡大していくとすれば、旧ソ連のカルダーシェフの「文明の三段階発展論」のような飛躍が必要となるでしょう。

地球より大きなモノやエネルギーというと太陽系であり、それを利用した太陽系文明、さらに大きいものは銀河系ですから、銀河系文明。地球文明→太陽系文明→銀河系文明と、文明＝「人間圏」が拡大していくという方向です。それが可能かどうかは別として、

＊**29**・1478－1535。英国の思想家・政治家。枢密院顧問官、下院議長、大法官などを歴任。ヘンリー８世の離婚問題で「反対」の立場を崩さず、反逆者として処刑された。理想社会を描いた主著『ユートピア』は、後世の政治思潮に大きな影響をあたえた。

ユートピアを目指す場合、そういう方向に向かわざるをえないでしょう。

一方、アルカディアは、いまもギリシャのペロポネソス半島中央部にある山岳地帯の地名として残っています。ここは風土条件が悪く、地理的にも孤立していたために、古代ギリシャ時代に、いわゆるポリスの形成が遅かった。逆にいうと、牧人による牧歌的な生活環境が残った。それがローマの詩人ウェルギリウス[*30]らによって賛美され、都会人の牧人生活への憧れ、過去の楽園として憧憬を集めるようになったのです。

したがって、アルカディア型とは、地球システムと調和的で、長く存続する長寿型文明でもあります。これを日本の過去に求めると、典型は江戸時代ではないかと考えています。

このユートピア型とアルカディア型のどちらがいいのかというと、その答えはありません。それは、われわれの「選択」によります。そして、その「選択」は、これまで述べてきたように、「人間圏」に生きる「われわれ」とは何か、どういう存在かを自覚することと密接に関係しています。

＊**30**・ＢＣ70－ＢＣ19。アウグスツス帝らの庇護のもと、叙事詩「アエネイス」のほか、牧歌や農耕に関する多数の詩を残した。

リサイクルからレンタルへ

松井　この点を指摘したうえで、地球システム全体を宇宙から見る一学者としての意見をいわせてもらえば、次のようなことになるでしょう。

二〇世紀までは、人類の欲望のままに、「人間圏」の無制限な拡大が可能でした。それは人類が努力したということもありますが、それ以上に地球システムの側、つまり資源・エネルギーの条件があってのことでした。人類はそういう条件のなかで、「人間圏」の構造をつくりだしてきました。しかし、二一世紀にはその条件は掘り尽くされているので、二〇世紀のような資源・エネルギーの条件は満たされません。

二〇世紀的な価値観・概念・制度は根本から揺らいできています。したがって、民主主義・市場主義経済、人権、愛、神、貨幣など、従来の枠組みに立脚した未来の展望は危うい。そこで、ユートピア型か、それともアルカディア型か、新たな「人間圏」の創造が目指されなければならないのです。

どちらかといえば、ユートピア型のほうが二〇世紀型の延長上にあります。これは、過去を振り返らないで、前へ前へと歩みを速めていくものでしょう。一方、過去に理想をみるアルカディア型は、ストック依存型になる以前の「人間圏」、つまりフロー依存型時代に、新しい「人間圏」の何らかのヒントを得ようとする立場ということになります。

私自身は、地球の人口が五〇〇万人程度だった「生物圏」に戻ることは不可能だとしても、このフロー依存型のライフスタイルはかなり参考になるのではないか、と思っています。もちろん、フロー依存型の人口は一〇億人くらいが上限ですので、現在の六分の一程度のキャパシティしかありませんし、「選択」とは、ただちに過去のフロー依存型の時代へ帰れというものではありません。現在の日本人に、洋服をやめて和服になり、男性はチョンマゲを結え、すなわち、〝ともかく江戸時代に帰れ〟というのは、アナクロニズムにすぎないからです。

私がいいたいのは、そうではなくて、地球の資源を濫費せず、一年間に降る雨の量と太陽エネルギーのフロー（流れ）に依存しながら生きる工夫が大切だ、ということです。たとえば、江戸時代の農村では、家産と村産が結合して生産活動が行われていた、といわれています。農民が所持している土地は、近代的な意味での「私的所有」＝個人の所有物ではなく、「家」を単位に課せられる年貢役を果たしていくためにその家代々が所持しているもの、すなわち家族単位の家産でした。これについては、前に「田分け」に絡めてお話ししました。

そのほかにも、入会地というのがありました。特定の家・個人が所有するのではなく、薪草を採取する場として、共同体によって共有されていた土地です。こういう発想を現在に生かすとどうなるか。

私は、「人間圏」が地球システムを圧迫している根源は人間の欲望にあり、それは「所有」というかたちで表されている、と考えています。増加しつづけてきた人類は、土地や建物、自動車や家具をはじめとして、さまざまなものを「所有」したいという欲望に駆られて、「人間圏」を拡大してきました。これがストック依存型の歴史であり、地球資源を掘り尽くしてきた駆動力です。

現在、地球環境問題が叫ばれるなかで、リサイクル運動がさかんになってきました。プラスチックや紙の容器などにリサイクルマークがついています。リサイクルは、やらないよりはやったほうがいいのですが、しかし、リサイクル運動には、「人間圏」で使用する総量を規制するという発想が欠如しています。

つまり、リサイクルの思想は、生産の量的な拡大に歯止めをかけることがなく、つくったものをゴミにしないで効率よく再利用するという思想ですから、「人間圏」に流通する生産物の総量を抑えることはできませんし、「所有」という欲望を抑えることもできないのです。

私は「所有」という欲望の拡大に対するアンチテーゼは、リサイクルではなくてレンタルだ、と考えています。よく考えてみると、われわれが生きていくのに必要なのは、モノそれ自体ではなく、そのモノの機能ではないでしょうか。レンタル思想とは、モノではなく機能を使うということです。

江戸時代には、土地は「所有」せず、借り物であり、武士たちは家屋敷をお上から拝領というかたちで借りていました。それを子々孫々に継がせるわけですが、仕事の上で失敗があったり、家督相続者がいなかったりして家が断絶すると、お上に返す。

伊藤 そういえば、亡くなられた司馬遼太郎氏は、バブル経済になる前に、「大企業による土地投機は危ない、土地を公有化せよ」といっていました。土地投機体制で成り立つ資本主義はいびつである、という批判ですね。土地を担保に長期貸付けをするのは、日本くらいであると。

松井 その司馬さんのいう「公」と、私のいう「われわれ」とは重なる部分があるのです。司馬さんは歴史に詳しいから、そういう批判が出てきたのでしょう。

伊藤 ええ。江戸時代の三井家の家訓には、「土地に手を出すな」ということが盛り込まれていたそうです。これは江戸時代以前からのことだと思いますが、日本では国家権力をパブリック（公）だと思っているが、もともと鉄器をもっていたのが公権力で、庶民はそこから鉄器を借りていた。つまり、レンタルした農具で農耕をしていた、と司馬さんはおっしゃっています。

松井 鉄器をつくるという技術の問題もあったでしょうが、日本は島国で、鉄資源も限られていましたから、鉄器は貴重だったんでしょうね。それを借りて農耕をする。そして、終われば返すということは、鉄器そのものが価値なのではなくて、地面を耕す鉄器の機能が大切だったことにほかならない。

江戸時代の特徴を一言でいうと、「所持」はしたが、「所有」はしなかった。江戸の庶民の大半は、落語に出てくる熊さん、八っあんのように長屋に住んでいました。そして、それが三〇〇年近くつづいたのですから、やはりフロー依存型は長寿型の文明といえるでしょう。

未来を選択する、よりよい共同幻想を

伊藤 先生は、われわれの身体も借り物＝レンタルだとおっしゃっていますね。

松井 資本主義の条件の一つは、自己の労働力を「商品」として市場で売ることです。これは自分のからだを自分の所有物と思うことから成り立つものです。

ところが、人間は有機物のかたまりで、主要元素は炭素です。これは地球から借りているのにすぎません。人が人生という一定期間を、地球から元素を借りてからだをつくり、死ねばそれを分解して地球に戻す、という仕組みになっています。

したがって、からだはモノにすぎません。生きるということは、借りたものから各種の臓器をつくり、臓器の機能を活用するということです。この機能が大切で、われわれは思索し行動する——これが生きている証しといえるのです。レンタルのからだで生きる人間が、モノを所有する。これはおこがましいというか、人間と自然を区分する二元的な関係ではないかと思います。

それから、もう一つ江戸時代で参考になるのは、「人間圏」を構成する要素、あるいは共同体のレベルです。

現在、日本では「平成の大合併」といわれるように、各市町村の合併・統合がさかんに行われています。その目的は統合による人員整理で、自治体の経費削減であり、また地方交付金の授受です。

一方、国家レベルでいうと、「パクス・アメリカーナ」、つまり、かつての「パクス・ロマーナ」＝ローマ帝国のもとでの平和になぞらえて、市場経済原理＝グローバル・スタンダードによる米国の覇権の拡大が進んでいます。技術的には、インターネットによるトランスナショナルな個人の結合があります。

このように、従来の共同体＝ユニットを揺るがす動きがあるわけですが、これらは前に申し上げたように、物理学的にはエントロピーの増大、「人間圏」の均質化の方向に作用するものばかりです。つまり、エントロピーの増大は、共同体の崩壊によって無秩序化をもたらします。

これに対して、江戸時代の藩や村は、地理的歴史的な環境から線引きされたもので、ユニットとしてよりよい単位であるかもしれません。少なくとも、地方交付金目当てにお上が決めた行政範囲よりも、そこに住んでいる住民にとって、アイデンティティをもちやすいユニットのはずです。

かつての京都の街並みが美しく、また秩序が感じられたのは、そこに住む人々が京都の街にインテグレート（統合）されているという秩序感覚をもち、ゴミ箱を家の外に出さないなどの美意識をもっていたからでしょう。

江戸時代の日本は、鎖国という条件のなかで、島国として孤立していました。したがって、資源は外から入ってこず、境界条件が明瞭に限定されたなかで、地球システムと調和的なライフスタイルをつくってきました。現在は資源を輸入することで、ストック依存型のライフスタイルをとっていますが、何らかの理由で、その輸入が途絶えるというリアルな可能性があるわけでしょう。

そうした条件を逆手にとって、日本発の新しい「人間圏」のビジョンを真剣に議論し、世界に発信することができるはずです。

もちろん私は、〝レンタル思想やアルカディア型の方向が正しい〟といっているのではありません。これも一つの共同幻想です。ただ、これまでの欲望＝所有で成り立ってきた共同幻想、人間と資源との関係性にかわりうる一つのオルターナティヴとして、私が思いついた提案にすぎません。未来を選択するのは、私ではなく、「人間圏」に生きる「われわれ」なのですから。

伊藤　さきほどのドイツ招聘のお話のなかで、先生の発想には「日本的な風土が関係している」とおっしゃられていましたが、いまのお話でその理由がよくわかったような気がしました。

また、今回の対談のキーワードの一つは「選択」ですが、その基本として、松井先生の「人間圏」の概念が重要であり、実際に役立つことを再認識しました。また、リチャード・ヘアの言葉に、「ある状況において人が倫理的に選択しなければならない行為とは、その状況において選択可能な行為のなかで関係者全体にとって最善の結果をもらすような行為である」があります。このような選好功利主義的な考えが、建設的で有用であるように思います。その「選択」の前提として、問題を周知させることに、大学や学会の役割があることを痛感しました。

それ以外にも、今回の対談で先生から教えていただいたことをベースにして、今後、生殖医療問題などに取り組み、できるだけ論点を整理して、市民のみなさんに伝えていきたいと思います。

まだまだお教え願いたいこともあり、興味はつきませんが、この辺で終わらせていただきたいと思います。

長時間おつき合いいただきまして、本当にありがとうございました。

対談を終えて

アメリカには、宇宙人を探す研究プロジェクトが存在する。ＳＥＴＩ計画という。サンフランシスコ郊外のＮＡＳＡエームス研究センター近くに、ＳＥＴＩ研究所があり、そこで行われている研究プロジェクトである。

このプロジェクトは、「Search for Extra Terrestrial Intelligence」―略してＳＥＴＩ計画と呼ばれるもので、直訳すれば、地球外知的生命体の探索計画である。では、この計画ではどうやって宇宙人を探そうとしているのであろうか?

われわれは、コミュニケーションの手段として、日常的に電波をつかっている。現在、日本と北朝鮮は国交がないが、平壌放送は日本に届いている。その逆もしかり。つまり、電波は、国境を越え、海を超えるが、それだけではなく、宇宙にも漏れている。……いや、漏れているどころか、衛星放送によって積極的に、宇宙空間を利用して通信を行っている。

もし、地球外に知的生命体＝宇宙人が存在すれば、この地球から宇宙に流れ出ている電波を観測することは可能であろう。とすれば、宇宙人はテレビ番組を見て、「地球人のレベルはこんなものか」と馬鹿にしているだろうか、それとも、腹を抱えて笑っているだろうか……。

というのは冗談だが、地球外知的生命体も、われわれと同じように電波を交信手段として使うはずである。そこで、SETI研究所では、地球外に一定の秩序だった電波が存在するかどうかを探している。つまり、雑音ではなく、宇宙人が記号・信号として用いていると目される電波を探しているわけである。

この計画で、将来地球外の知的生命体の存在が確認されるか否か、それはわからない。私が興味を持つのは、この計画が、われわれ人間の他に知的生命体という他者が存在しているということ、逆にいえば、われわれという存在が宇宙から見られているという意識をもつことによって、進められているということである。つまり、宇宙を見る者は、宇宙から見られるという意識をもつ者であり、双方向的な感覚を有する存在なのだ。

私は現在、この地球が抱えているさまざまな問題、すなわち、環境問題、資源・エネルギー問題、人口問題、食糧問題などを解くためには、宇宙から見る視点に立つ必要があると考えている。

例えば地球環境問題。この問題は通常、環境汚染として捉えられている。そして、そこには、「汚染は、即、悪である」という価値判断が含まれている。したがって、「汚染をやめろ」とは、悪いことをやめろというのと等しく、この点が疑われることはない。しかし、これを宇宙という視点、あるいは時空スケールで考えてみるとどうなるだろうか。

地球が誕生したのは四五億年以上前だが、誕生したての地球は火の玉のように熱かった。それがやがて冷える過程で原始大気の冷却によって雨が降り、海ができた。そして、隕石重撃期の巨大隕石の衝突などにより大陸ができた。大陸に雨が降ると、大陸物質は侵食され、海に注ぐ。この大陸からの「ゴミ」は、「海水汚染」を引き起こす。

この汚染により、酸性だった海は中和され、大気中に多量に存在した二酸化炭素を取り込む。そのことにより、地表の温度が下がり、太陽の光度上昇に伴う海の蒸発が起こらなかった。さらに二〇億年ほど後、光合成生物が発生するに及んで酸素というゴミをまき散らし、大気や海を汚染することになる……。つまり、地球の歴史は汚染の歴史であり、物質圏の分化にともなって、必然的に環境汚染が起こるのである。人類の誕生は酸素が大気中に蓄積した後のことだから、人類は地球環境の汚染によって誕生したともいえる。したがって、環境汚染が悪だとすれば、人間の存在そのものも悪だというのに等しくなる。

こういうと、「酸素がゴミであり、環境汚染であるというのは、汚染の定義による。おまえの汚染の定義はおかしい」と文句をつける人がいるだろう。むべなるかな、私は、まさにその定義を問題にしているのである。

現在、環境汚染という場合、実は、人間が生きにくくなる環境が問題なのだが、地球にやさしいと形容されるように、地球はもろいという認識がア・プリオリな前提となっている。私は、この前提に立つ限り、環境問題は解決できないと考えている。

環境問題は、二酸化炭素の増大による地球温暖化問題に代表されるが、誤解のないようにいえば、私は、二酸化炭素による温暖化を肯定しているのではない。そうではなくて、我々の問題であるにもかかわらず、問題を地球の問題にすりかえるその認識を問題にしているのであり、そういう視点に立つ限り、環境問題は解決できないと主張しているのである。あくまでも視点の有効性について議論しているのである。

「地球にやさしいとか地球のもろさを強調する、という視点のどこが間違っているのか」という反論があるかもしれない。だが、これは、無意識のうちに、人間だけが特別な存在だということが前提となった意見である。つまり、「地球は人間のためにある」という発想である。思い上がってはいけない。人間圏を作って生きる人間は、地球からさまざまな利益・恩恵を被りながら、逆に、地球にメリットを与えることはない。地球と人間圏の関係は、極めて片務的で、双務的ではない。

人間圏は、地球を一方的に搾取するだけであり、寄生しているにすぎない。もっとはっきりいえば、人間圏にとって地球システムは不可欠だが、地球システムからみれば、人間圏は特に必要ではない。なくてもよいのである。

このように、私の汚染の定義は、人間圏のなかに閉じて考えるものではなく、宇宙からの視点、すなわち地球システムに立ったものである。

ではこの視点に立って、見えてくるものは何か。大陸地殻の分化による海洋汚染、生物圏の分化による酸素汚染などは、地球史のスパンでいえば、億単位の年数によってもたらされたものである。一方、人間圏は人類が狩猟採集生活から農耕に転じた、たかだか一万年前に成立したにすぎない。にもかかわらず現在、文明に必要な物質の移動量は、地球システムの流れに換算すると、一年間で一〇万年分ぐらいの量に相当する。時間に換算すれば、一〇万倍の速さで動かしていることになる。

これは、地球システム固有の物質循環に依存するフロー型の人間圏からストック型に変化した産業革命以降の現象であり、現在もなおこの移動量とスピードはアップしている。つまり環境汚染とは、本来なら一〇〇〇万年かけて変化していたものを、産業革命以降、二〇世紀のたった一〇〇年という極めて短いスパンに起こった現象であることがわかる。

さて、なぜ私は、本書のあとがきで、環境問題について述べているのだろうか。それは、実はここに本書のテーマの一つ遺伝子操作の問題が関係してくるからである。

地球生命は細胞レベルでみた場合、原核生物と真核生物という二種類にわけることができる。真核生物は細胞内部に核を持っていて（＝真核細胞）、その核の中にＤＮＡなどの遺伝情報が納められている。それに対して原核生物は、細胞内部に核を持たず（原核細胞）、遺伝子がむき出しのまま細胞中に存在している。

さらに細胞の数に注目すれば、一個の細胞からなる単細胞生物と、単細胞生物がいろいろに分化しながら、さまざまな機能をもつに至ったと考えられる多細胞生物にわけられる。

例えば、シアノバクテリアは原核細胞をもち、かつ単細胞生物である。このバクテリアは、数十億年前から同じ形態で今日まで生き延びている。一方真核細胞をもつ多細胞生物は、環境の変化に応じて機能や形態が特殊化している。この環境への適応性は、ある環境においては繁殖するが、ある環境のもとでは環境についてゆけず絶滅という事態を招くことになる。

つまり進化した生物の方が絶滅しやすいのだが、進化した生物には性というメカニズム（＝有性生殖）が存在し、この性により遺伝子がミックスされ、多様性が生みだされ、環境の変化に適応しようとする。つまり、環境変化の予兆のなかで、遺伝子レベルでは環境に適応しようとし、新しい生物種が生まれるのだ。

このように地球の歴史は、環境の変化、すなわち汚染の歴史であった。つまり、地球環境の変化は地球システムの分化においては必然的な結果である。そして、生物の歴史において遺伝子は変化するものである。では、なぜわれわれは、その必然的な地球環境の変化に危機感を抱いているのか。それは変化の善し悪しではなく、われわれがその変化のスピードに対応できない、と感じているからである。

遺伝子操作の問題も同じである。「遺伝子操作は人為的であり、自然的ではない」といわれるが、遺伝子の変化それ自体を悪とすれば、人間もまた、遺伝子を変化させてきたこれまでの生物の歴史のなかで生まれた存在であるから、その存在が否定されることになる。遺伝子操作問題の本質は、自然界において、数え切れないほどの世代に渡って、長い時間をかけて起こる遺伝子の変化を、人為的に非常に短期間で行ってしまうことにあり、遺伝子操作による変化のスピードアップという問題に由来している。

つまり、環境問題も遺伝子操作問題も根っこは同じで、われわれが時間を速めて生きているという点にある。人間を生命体として見たとき、ますます速められる変化のスピードにわれわれがどこまで耐えられるのだろうか？

われわれは、化学変化を利用して体内システムを維持している。体内の化学反応のタイムスケールより、速い変化には適応できない。豊かさ、便利さを追求するなかで、時間変化は一貫して速められてきた。だがからだの方は高速の変化には対応できず、生物体として生きられなくなる。これが、現在の危機の本質である。

ところで、考える行為とは何だろうか。脳科学的にいえば、それは、脳のなかに外部世界を投影した内部モデルを構築し、外部から入る情報をそのモデルに照らし合わせて、さまざまな判断をするということである。ある時代における、このモデルの普遍的なものが、われわれが「常識」と呼んでいるものに相当するだろう。実際には、共同幻想にすぎないのだが。

現在の常識は、二〇世紀の人間圏のなかでつくられてきた。人権・民主主義・市場主義経済、あるいは、右肩上がりの成長などなど……。こうした概念は疑いもなく、それが人間、あるいは社会を定義するとされている。しかしこれらは、二〇世紀的な世界が、脳のなかに投影した内部モデルを前提とした、共同幻想にすぎないことを忘れてはならない。

リアルワールドでは、さまざまな資源が掘り尽くされ、地球システムにおいては人間圏の存在を脅かすスピードで物質循環が行われているにもかかわらず、人々の地球に関するモデルは旧来のままである。現在の人間圏には、リアルワールドの他に、情報化社会によってつくられたサイバーワールドが存在し、人々はむしろ、この架空のサイバーワールドの方にリアリティを感じているようにみえる。

このように、地球環境問題、遺伝子操作問題など、今日の大きな問題は、二〇世紀の人間圏で作られた、我々の脳の内部モデル＝共同幻想によるものであり、今日の文明の問題は、この共同幻想を乗り越えなければ解決できない。宇宙からの視点は、この共同幻想を相対化し、それが決して絶対的なものでも、また正しいものでもないことを明らかにする。今後の人類が進むべき道、あるいは、人類と地球との新たな関係性を考えるのには、一三七億年という宇宙規模の時空スケールでの認識が必要であると考えるゆえんである。

以上の点を、遺伝子操作問題を一つのテーマにした本書のおわりに、改めて強調した次第である。

本書が成立した事情は、対談者である伊藤晴夫先生の「前口上」に詳しいので、譲りたい。

伊藤先生と私が知り合ったのは、伊藤先生の千葉大学退官記念パーティであった。伊藤先生から私に、このパーティの席上で「人間圏について話して欲しい」と講演依頼があったのである。お会いしてみると、千葉大学附属病院の院長を務め、日本における屈指の泌尿器科の名医でありながら、いささかも尊大なところがなく、懐の深い人格者であることがわかった。

そして、ときに鋭く、ときにユーモアを交えながらの伊藤先生との対談は、とても楽しい時間であった。先生がもともとは、東大で学生運動をしていた、安保闘争世代であることを知ったのも、この対談のなかである。

本書は、医学と理学（比較惑星学、アストロバイオロジー）という専門の異なる同士の、いわば「異種交配」によって生まれたものである。したがって、話題は多岐にわたっている。この多様な話題のおもしろさが読者につたわれば、と思っているが、それは読者に判断してもらうほかはない。

最後になったが、対談原稿の構成を担当した小川和也氏、それから、本書の出版を快く引き受けてくださった梨の木舎の羽田ゆみ子氏に感謝する。

松井孝典

二〇〇五年九月

伊藤晴夫（いとうはるお）
1938年生まれ。
1958年東京大学教養学部理科Ⅱ類入学。
1964年千葉大学医学部卒業。
1969年千葉大学大学院医学研究科修了。
1975年より2年間、シカゴ大学Nephrology（F.L.Coe教授）に留学。
のち、千葉大学助教授、帝京大学市原病院教授、千葉大学医学部教授を経て、2001年から2003年まで、千葉大学医学部付属病院病院長。
日本不妊学会理事長、
日本アンドロロジー学会理事長、
日本受精着床学会副理事長、
日本泌尿器科学会理事、日本医学会評議員、
日本腎臓学会評議員、
日本癌治療学会評議員。
日本泌尿器科学会賞（坂口賞）受賞。
著書『前立腺癌のすべて』『前立腺癌の話』『尿路結石症外来』『尿路結石症を治す』『尿路結石症の治療と食事療法』など。

松井孝典（まついたかふみ）
1946年静岡県生まれ。
1972年東京大学大学院理学系研究科博士課程修了
専攻：複雑理工学、地球惑星科学
現在：東京大学大学院教授
著書：『宇宙人としての生き方』『再現！巨大隕石衝突』『地球進化論』『地球倫理へ』『お父さんと行く地球大冒険』（岩波書店）
『惑星科学入門』（講談社）
『一万年目の「人間圏」』（ワック）
『地球・宇宙・そして人間』（徳間書店）
『宇宙誌』（徳間書店）など多数。
テレビ出演・雑誌等で活躍中。

「人間圏」の未来
――生殖医療・性・ライフスタイルから考える

2005年9月25日　初版発行

著　者　松井孝典・伊藤晴夫
装　丁　株式会社 クリエイティブ・コンセプト
構　成　小川和也
校　正　小山義仁
発行者　羽田ゆみ子
発行所　梨の木舎
〒101－0051 東京都千代田区神田神保町1－42
TEL　03(3291)8229
FAX　03(3291)8090
eメール　nashinoki-sha@jca.apc.org
組版所 新宿デザイン／印刷所 株式会社 厚徳社

日本深層文化を歩く旅
—日本ナショナリズムは江戸時代に始まる

海原峻著

A5 判 /218 頁 /02 年 /2300 円

4-8166-0202-X

日本ナショナリズムの第一期をとりあげる。本居宣長は日本文化を中国文化から自立させるためにはかりしれない知的エネルギーを注いだ。日本近代への思想要素がこの時期どう準備されたかを明らかにする。

ヨーロッパ浸透の波紋
—安土・桃山期からの日本文化を見なおす

海原峻著

A5 判 /181 頁 /01 年 /2500 円

4-8166-0104-X

ヨーロッパは、安土桃山時代東アジアに登場し、グローバリゼーションの第一期が始まる。多彩で心をひきつけるが、侵略的であった。

改訂版
ヨーロッパがみた日本・アジア・アフリカ
—フランス植民地主義というプリズムをとおして

海原峻著

A5 判 /281 頁 /98 年 /3200 円

4-8166-0305-0

ヨーロッパは侵略により富を蓄え繁栄に向かった。18 世紀ヨーロッパの輝かしい「進歩」と「自由」の世紀は、世界の植民地化に向かう世紀でもあった。これを支えた思想とはなにかを問う。グローバルな植民地主義思想史。